JC総研ブックレット　No.11

農業収入保険を巡る議論

我が国の水田農業を考える

星 勉・吉井 邦恒・鈴木 宣弘・姜 薈・石井 圭一・安藤 光義◇著

Ⅰ　はじめに（解題）

本ブックレットは、「我が国の水田農業を考える（上巻）―ＥＵの直接支払制度と日本への示唆―」（ＪＣ総研ブックレット№７、２０１４年10月）及び「我が国の水田農業を考える（下巻）―構造展望と大規模経営体の実証分析―」（ＪＣ総研ブックレット№８、２０１５年１月）の続編として上梓したものです。

何故一連のブックレットシリーズを上梓したのかといえば、我が国農業施策の参考となるであろうＥＵ農業施策の核となっている直接支払い制度について、我が国の経営実態を踏まえて、検討することにありました。

今回は、水田農業のあり方に係わる現行の経営所得安定対策（２０１５年度）の次に来るであろう、収入保険制度についての検証を趣旨としています。

本ブックレットは、以上の趣旨のもと、以下のような構成となっています。

まず、①収入保険制度の先進国であるアメリカの事例（制度の概要と実態等）を吉井論文において整理・検討し、次いで②我が国の水田農業の実態を踏まえて、収入保険制度の導入だけでは不十分とする批判的検討を、コメ需給と米価の推移を計量モデルにより試算等統計分析を駆使しながら論じた鈴木・姜薈（じゃん）論文、更に③ＥＵにおける農業所得政策の動向を論じた石井論文、最後に④まとめを安藤論文が行っています。

本ブックレットの要点は、④まとめの安藤論文において簡潔に述べられているので、そちらを読んで頂ければと思います。

3　農業収入保険を巡る議論

ここでは、予備知識的に問題の所在とこれに関する筆者の若干の感想を述べます。

我が国の現行の経営所得安定対策は、「担い手農家の安定に資するよう、諸外国との生産条件の格差から生ずる不利を補正する交付金（ゲタ対策）と、農業者の拠出を前提とした農業経営のセーフティネット対策（ナラシ対策）」(1) の2本柱からなっています。

今後導入しようと検討されている収入保険は、ナラシ対策の代わりになるものです。実際、農水省では「米・畑作物の収入減少影響緩和対策（ナラシ対策）は、農家拠出を伴う経営に着目したセーフティネットであり、米及び畑作物の農業収入全体の減少による影響を緩和するための保険的制度」(2) と位置付けています。

仮に、コメについて「諸外国との生産条件の格差から生ずる不利」が無いと認識すれば、その不利を補正する交付金、つまりゲタ対策は不要で、ナラシ対策に代わる収入保険制度の導入だけで事足りることとなります。

実際、以上のような認識に基づき、２０１３年産に対する米の直接支払交付金が１５０００円／10ａだったものが、２０１４年産から半減の７５００円／10ａとなり、更に２０１８年産からは廃止されることとなっています。このことだけでも今後の施策は、収入変動緩和対策としての収入保険がメインとなることが暗示されているといってよいでしょう。

ところで、現在導入が検討されている経営単位収入保険の最大の特徴として、以下の点が挙げられるとしています。「農業者が生産・販売するすべての作物からの合計収入を対象とするため、作物間の収入の増減が相殺され、作物別の保険よりも保険金支払い機会は少なくなることがあげられます。この点については、作物別に保険を提供する場合よりも、農業経営全体としてみて真に収入補てんが必要な場合にのみ保険金が支払われることになるので、経済的には合理的であり、作物ごとに加入する場合よりも保険料が安くなると考えられています」(吉井論文)。

この他、筆者の考えとして、水田農業を確立し維持していくためには、作目間を横断的に実施できる、経営単位での経営安定対策が必要であると考えています。何故なら、今後の水田農業のあり方は担い手をどのように想定するのかという構造問題であると同時に、日本型輪作体系とも言える米・麦・大豆等の水田農業に関する農法的あり方をどのように政策上実現するかが問われており、そのためには個別作目毎にではなく、「作物間の収入の増減が相殺され」るなど複数の作付作目をパッケージした経営安定対策が必要と考えるからです。

筆者の思いはともかく、問題は収入保険制度そのものの特徴にあるのではなく、水田農業に関する施策が経営のリスク管理手段の一つにすぎない収入保険だけに収れん・集約させていくことが実態にかなっているのか、あるいは将来の水田農業にとってふさわしいかどうかです。

この点に関し、鈴木論文および安藤論文では、明確に不十分であると結論付けています。

何故そう言えるのかは、本文を読んで頂ければと思いますが、これに加えて次の一点を指摘したいと思います。

この問題について、昨年度からの本ブックレットシリーズの趣旨に立ち帰ってみた場合、ＥＵの農業所得政策(石井論文)はやはり示唆に富んだものと言えます。

ＥＵの直接支払いが、かつての価格支持政策の名残りである過去実績を引きずり、既得権益化している面があったとしても、所得政策の特徴である目的に狙いを定めた施策の実現ということでは、環境配慮のためのグリーニング支払い、特定作物・畜産に対するカップリング支払い、農村振興への財源移転など、加盟国毎に多様なゲタ対策として講じられていることが、今回の石井論文でも報告されていました。

我が国農業は、ＥＵの農業と比較して「諸外国との生産条件の格差から生ずる不利」が少ないどころか、むしろ比較劣位に立地しているといってもよいでしょう。そして、そのＥＵでさえ、立地特性に即して様々にゲタ対策が講じられていました。

担い手の育成という構造問題を前に進めていくことは必要であるとしても、併せて日本型輪作体系とも言える水田農業の確立・維持のために、ＥＵの例に倣うまでもなく、施策の目的別実現を目指した直接支払いと、構造問題を視野に入れての担い手の経営安定を目指した収入保険制度の導入という、複数の裁量的政策の採用が望まれるのではないでしょうか。

もっと言えば、今政府が推し進めているＴＰＰ（環太平洋経済連携協定）が万が一締結されるとすれば、国内の農産物市場は国際市場価格と連動するといった一層市場指向的なものとなり、その際にはＥＵよりも比較劣位に立地する我が国農業において、直接支払い（ゲタ対策）の充実は必須となります。そしてこのことに予め備えながら交渉を進めるのが、施策上も一本筋が通っていると思うのですが、いかがでしょう。

そもそも、２００９年の農地法改正により、耕作者による農地取得の促進から、効率的に利用する耕作者による権利取得を促進することとなりました（法第一条、第二条の二）。このことは、農地を公共財として位置付けたことを意味します。再生産に資する岩盤政策と併せ、生産基盤や国土の保全など公共財の確保という視点からのゲタ対策の充実は、以上の法趣旨の変更にも適うものといえますし、例えばEU並みなど「農家の経営行動を左右する」(鈴木論文）水準まで引き上げる施策の実施が求められます。

本ブックレットは、アメリカをモデル例として収入保険とは何か、またその活用実態、そして同制度を我が国に導入した場合どのような問題が生じ得るのか、ＥＵの動きとも併せて論じた、収入保険制度を巡る格好の入門書となっており、是非一読頂ければと思います。

尚、本ブックレットは一般社団法人ＪＣ総研が２０１４年度に行った「土地利用型大規模経営体の安定的発展の条件に関する調査研究」の成果をまとめたものです。

同調査研究の成果の内には、以上で述べた成果概要の他に、本書の姉妹編である（仮)「水田利用の実態—我が国の水田農業を考える」にも記述されております。

とりわけ、今後は「農業者の経営単位収入保険に対する需要をきちんと把握する必要」(吉井論文）がありますが、同書はその農業者の現場からの実態報告となっています。併せてご購読頂ければ幸甚です。

注

（1）農林水産省「平成27年度　経営所得安定対策等の概要」『はじめに』２０１５年6月。

（2）農林水産省「平成27年度　経営所得安定対策等の概要」２０１５年6月、12頁。

Ⅱ　アメリカの収入保険制度

1　はじめに

農業には、自然条件の影響によって収量や品質が大きく変動するとともに、それに応じて農産物価格も大きく変化するという産業としての特殊性があります。このような生産リスクや価格リスクによる農業収入の低下リスクは、農業者自らの経営努力では十分に克服することができません。

わが国では、生産リスクに対応するため、１９４７年に制定された農業災害補償法に基づき、自然災害によって農業者が受けた収量の減少を補てんする収量保険である農業共済が実施されています。しかしながら、農業共済では、対象品目が限定されているとともに、一般的には、価格低下は保証の対象とはなっていません。

このため、すべての農産物を対象として、価格低下を含めた農業収入の低下リスクに対応できるよう、２０１４年度から経営単位の収入保険の実施に向けての調査・検討が開始されています。

世界で農業保険が実施されている国は１００カ国以上あるといわれていますが、現在、全国的な規模で収入保険が実施されているのはアメリカだけです。アメリカでは、収入保険が農業者の経営安定を図るための重要な施策の一つとなっています。

そこで、本稿では、アメリカで実施されている収入保険を手がかりとして、その概要をみていくことによって、わが国において経営単位の収入保険を検討する際に、留意すべきと考えられる点を整理してみたいと思います。

2 収入保険とは

「収入保険」と聞いて、どのような仕組みが思い浮ぶでしょうか。農業収入の減少分を補てんするための保険であるという見当はつくと思いますが、人それぞれにイメージする仕組みはかなり異なっているかもしれません。まず、アメリカの制度や各種文献に基づいて、収入保険を定義してみましょう。収入保険とは、収量の減少または価格の低下、あるいはその両方によって、収穫後の販売収入額が保険加入時に設定された収入保証額を下回るとき、保険金が支払われる仕組みです。

また、収入保険は、あくまで農業収入の変動を緩和するための制度であって、目標とすべき望ましい農業収入の水準を保証するための制度ではないと理解されています。

収入保険は政策的な保険ですが、保険理論に基づいて制度が設計されており、保険数理を用いて計算された保険料を支払って加入し、一定の基準を超える収入の減少が生じたときに保険金が支払われるという点では、火災保険や自動車保険と同じ損害保険であると考えるべきでしょう。

収入保険の保証の基本となる収入保証額は、基準となる農業収入（基準収入額）に保証水準を乗じた額です。基準収入額を１０００万円、保証水準を９割とすると、収入保証額は９００万円となります。そして、実際の農業収入が900万円を下回るときに保険金が支払われます。

基準収入額の算定方法としては、作物別の収入保険の場合ですと、①基準収穫量（例えば過去5カ年の平均収穫量）に基準価格（例：過去5カ年の平均販売価格）を掛けて計算する方法、②過去の収入額の平均（例：過去5カ年の収穫量×販売価格の平均、あるいは過去5カ年の平均販売収入額）を用いる方法などがあります。経営単位の収入保険の基準収入額の場合には、作物別に求めた基準収入額をたし合わせる、あるいは、農業所得税申告書に記載された農業収入の平均を求める方法などがあります。

次に、作物別と経営単位の収入保険の特徴をそれぞれ述べておきましょう。作物別収入保険では、高収量・低価格、いわゆる豊作貧乏のときには、価格の低下に伴う収入の減少によって、収量保険（農業共済）では支払われることがない保険金が支払われる可能性があります。他方、低収量・高価格のときには、価格の上昇に伴う収入の増加分によって収量の減少に伴う収入の減少分が相殺され、収入保険の方が収量保険よりも保険金の額が少なくなる可能性が高くなります。

これに対して、経営単位収入保険では、その経営が生産・販売するすべての農産物からの収入をたし合わせた上で、収入が減少しているかどうかが判断され保険金の支払いが決定されます。従って、ある作物の収入が減少しても、他の作物の収入が増加していれば、減少分が相殺されることから、受け取る保険金は作物別収入保険に加入する場合よりも少なくなります。例えば、水稲、大豆、野菜の複合経営で、水稲収入が増加、大豆収入が減少、野菜収入が減少というケースでは、大豆と野菜の収入のマイナス分が水稲収入のプラス分によって小さくな

表１　アメリカの農業保険プログラムの対象

プログラム	保険対象リスク	保険対象品目
作物保険 (収量保険)	自然災害など（干ばつ、凍霜害、湿潤害、暴風雨、洪水、病害、虫害、獣害、火災、噴火など）による収量の減少	穀物・油糧種子、果樹、野菜、工芸作物、牧草、養蜂、養殖など
収入保険	上記自然災害などによる収量の減少、価格の低下のいずれか、または、その両方による収入の減少	【作物別】 ○トウモロコシ、グレインソルガム、小麦、大麦、米、大豆、菜種、ヒマワリ、綿花、ポップコーン・豆類 ○果樹（チェリー、イチゴ、ネーブルなど） 【経営単位】 ○すべての農産物（家畜・畜産物を含む）

資料：著者作成。

りますので、その分保険金の支払いは少なくなります。

ところで、収量、価格あるいは収入に関するデータが十分に入手できない作物について、作物別収入保険を仕組むことはできません。しかしながら、経営単位収入保険であれば、農業所得税申告書などにより収入データを把握できるので、単独では収入保険の対象とはならない作物についても収入合計の中に含める形で保険対象とすることが可能になり、農業経営に対して幅広い保証を提供することができます。

３　アメリカの収入保険制度

(1)　農業保険制度の概要と実績

アメリカの農業保険制度は１９３８年に創設され、長らく収量保険（作物保険）だけが実施されてきました。１９９０年代に入って、農業者から価格低下に対して保険でも対応すべきであるという要望が高まってきたため、１９９６年度に収入保険が導入されました。アメリカでは、**表１**に示すように、農業共済と同じような仕組みにより収量の減少を保証する作物保険と収入保険の両方の制度が実施されており、

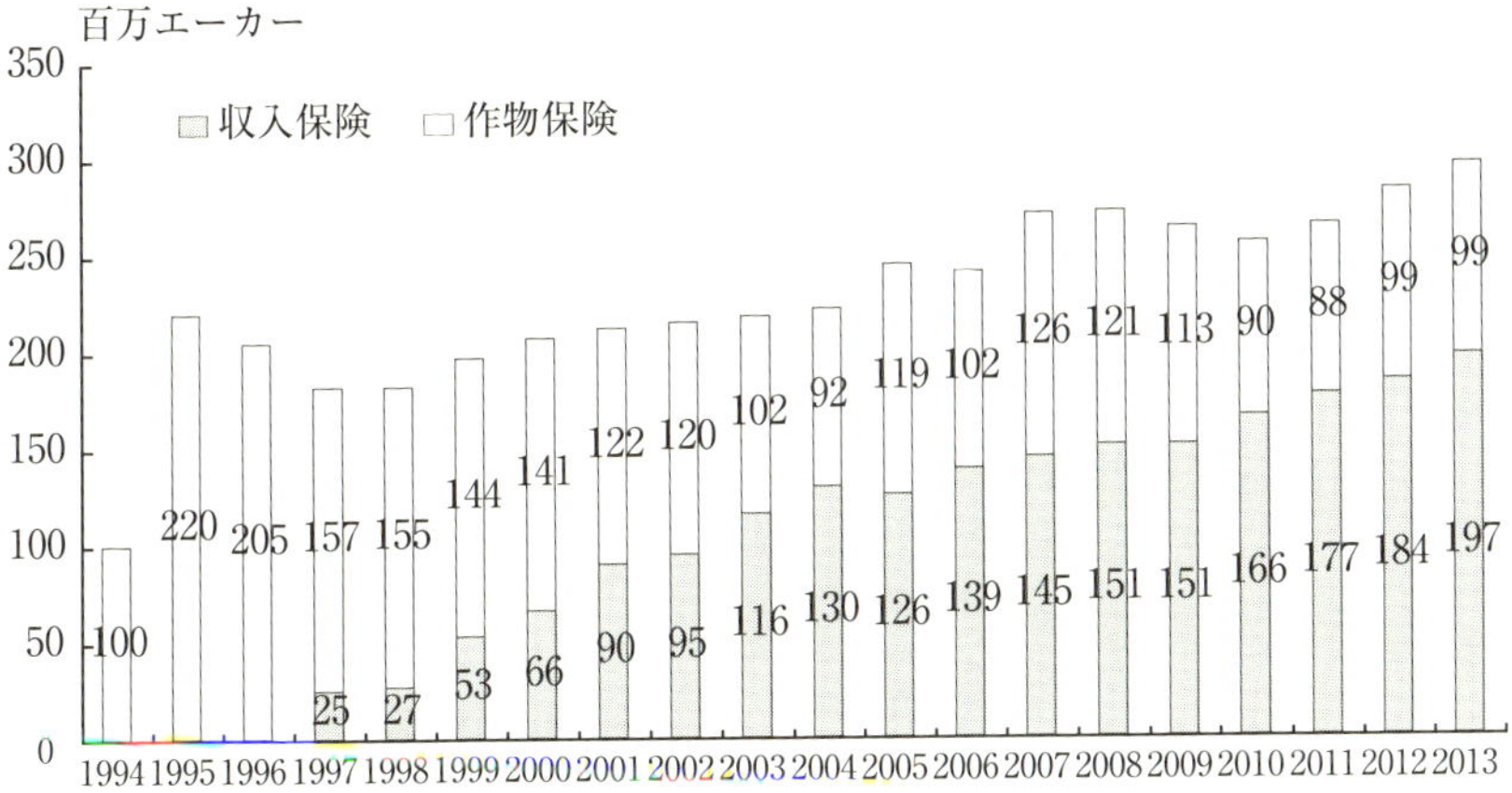

図１　農業保険加入面積の推移

資料：USDA/FCIC, "Summary of Business as of 6-1-2015" から筆者が計算。表２および図４において同じ。

農業者が自らの判断でどちらの保険に加入するかを選択できるようになっています。

収入保険については、作物別収入保険と経営単位収入保険の両方の方式が実施されています。作物別収入保険には、主要作物（トウモロコシ、大豆、小麦など）を対象とした農業者ごとの基準収穫量に全国一律の先物価格を掛りて計算される収入を保証するプログラムや果樹などを対象とした個人ごとの過去の一定年間の平均収入を保証するプログラムなどがあります。

図１に示すように、農業保険のうち収入保険の加入面積は一貫して増加しており、農業保険加入面積に占める収入保険の面積割合は３分の２を占めるまでになっています。また、主要４作物の面積加入率と加入面積に占める収入保険のシェアは、**表２**に示すとおり、任意加入制であるにもかかわらず、いずれの作物の面積加入率も２０１３年には85％を超える高い水準です。収入保険シェアも綿花を除き、８割を大きく超えており、農業保険、特に収入保険は主要作物の生産者にとってきわめて重要

表２　主要作物の面積加入率と収入保険シェア

単位：％

	2010年		2011年		2012年		2013年	
	面積加入率	収入保険シェア	面積加入率	収入保険シェア	面積加入率	収入保険シェア	面積加入率	収入保険シェア
トウモロコシ	83.4	84.3	85.1	86.7	83.8	88.2	88.8	90.9
綿花	94.7	70.6	95.0	67.9	94.6	74.4	96.2	78.2
大豆	84.5	83.0	84.9	84.9	84.5	86.4	88.0	89.2
小麦	85.9	76.8	88.0	80.2	83.5	83.0	86.4	84.8

注：面積加入率は、農業保険加入面積を作付面積で割ったもの、収入保険シェアは、その作物の収入保険加入面積を農業保険加入面積で割ったものである。

なリスク管理手段といえます。

（２）経営単位収入保険の概要と実績

①ＡＧＲからＷＦＲＰへ

アメリカでは、１９９９年度から経営単位の収入保険プログラムであるＡＧＲ（Adjusted Gross Revenue：調整総収入保険）が特定地域（２０１４年度は18州）を対象として試験的に実施されてきました。２００３年度からはＡＧＲの加入条件を一部簡素化したＡＧＲ−Ｌｉｔｅも実施されるようになりました（２０１４年度は35州）。ＡＧＲとＡＧＲ−Ｌｉｔｅは、農業所得税申告書を用いて、農業者ごとに畜産を含む複数の農産物からの農業収入を経営単位で把握して、収入が減少した場合に保険金を支払う仕組みです。

ところが、２０１５年度から、ＡＧＲとＡＧＲ−Ｌｉｔｅは廃止され、新たにＷＦＲＰ（Whole Farm Revenue Protection：農業経営単位収入保険）が45州で試験的に実施されています。ＷＦＲＰは、果樹・野菜等生産者、有機農産物生産者および多角化した生産者を主なターゲットとして、経営単位方式により、ＡＧＲやＡＧＲ−Ｌｉｔｅよりも充実した収入保証を提供することを意図して創設されたもので

表3　AGRとWFRPの比較

	AGR	WFRP
対象地域	18州	45州
保証上限額	650万ドル	850万ドル
保証水準	65%、75%、80% （80%は3作物以上作付が要件）	50〜85% （80%と85%は3作物以上作付が要件）
保険料補助率	48〜59%	56〜80% （80%は2作物以上作付の場合に適用）

資料：アメリカ農務省リスク管理局資料に基づき筆者が作成。

す。従って、表3に示すように、収入保証額、保証水準、保険料補助率などは、AGRに比べてWFRPの方が高くなっています。一方で、農業所得税申告書のデータに基づいて保険の引受を行い保険金を支払うという制度の根幹の部分については、WFRPとAGR・AGR-Liteは同じ仕組みです。

②WFRPの対象品目と保証リスク

WFRPの制度の概要をみていくことにしましょう。WFRPの対象品目は、すべての農作物と家畜・畜産物で、材木・林産物、競技・ペット用の動物などは対象外です。WFRPの保証対象となるリスクは、保険期間に発生した避けることができない自然災害や市場変動（価格低下）による収入の減少です。生産管理上のミス、善良な管理義務を怠ること、灌漑施設の故障、盗難、販売先の受取拒否、廃棄等による収入減少は保証対象とはなりません。保証の対象にならないということは、それらの理由により収入が減少したとしても、収入が減少したとはみなさないということを意味します。仮に、病害虫が発生したあるいは発生することが予想されていたにもかかわらず、適切な防除を行わなかったために収入が減少したとしましょう。そのときには、適切な防除を行わなかったことによってどの程度収入が減少したのかを査定して、保険金を計算するときに、その減少分の収入を受け取ったものとみなして、その金額分の保険金の支払額を削減します。このような方法によって、意図的に収入を減少させて保険金を受け取ろうとするモラルリスクを防ぐことができます。ＷＦＲＰによる保険期間は原則1年間で、暦年で農業所得税を申告する場合の保険期間は1月1日から12月31日までです。

③ＷＦＲＰへの加入

ＷＦＲＰに加入するためには、過去5年間の農業所得税申告書に基づく農業収入と農業支出の記録が必要であり、２０１５年に加入するとした場合、２００９年から２０１３年までの5年間の農業所得税申告書の写しが必要です。保険金請求のときには２０１６年の申告に基づく２０１５年の農業収入に関するデータが必要になります。従って、実際には、加入者は２０１０年から２０１６年までの7年間連続して農業所得税を申告していなければなりません。さらに、収入保証額が８５０万ドルを超えていないこと、家畜・畜産物からの収入が対象農業収入の35％を超えていないこと、種苗・施設栽培からの収入が対象農業収入の35％を超えていないこと、再販売用に購入した農産物からの収入が対象農業収入の50％を超えていないことなどの条件を満たしている必要があります。

加入に必要な書類として、加入申請書、過去分の農業所得税申告書の写しおよび保険加入年度の農業生産計画（どのような農産物をどれくらい生産して、どれくらいの収入が得られると予想されるのかを記載したもの）に加えて、在庫・受取支払勘定に関する報告書など、過去の農業収入や保険加入年度の農業収入を裏付けるために必要な書類を提出しなければなりません。

アメリカの農業保険の場合、同じ作物について、作物別の作物保険と収入保険の両方に同時に加入することはできません。しかしながら、WFRPに加入するときには、あわせて作物別の作物保険や収入保険に加入することが認められています。例えば、リンゴ、ブドウ、小麦を生産している農業者が、WFRPに加入する際に、リンゴの作物保険と小麦の収入保険に同時に加入してもよいのです。そのときには、支払う保険料や受け取る保険金がWFRPと作物別の保険との間で重複しないように調整されるようになっています。

④WFRPによる収入保証

WFRPの収入保証額は、「収入保証額＝基準収入額×保証水準」であり、保険年度の農業収入としてカウントされるべき金額（算定収入額）が収入保証額を下回ったときに、図2に示すように、「収入保証額−算定収入額」に相当する金額が保険金として支払われます。保証水準は、50〜85%の範囲内で加入者が選択することができますが、80%または85%という高い保証水準を選択するためには、3種類以上の農産物を生産することが条件になります。

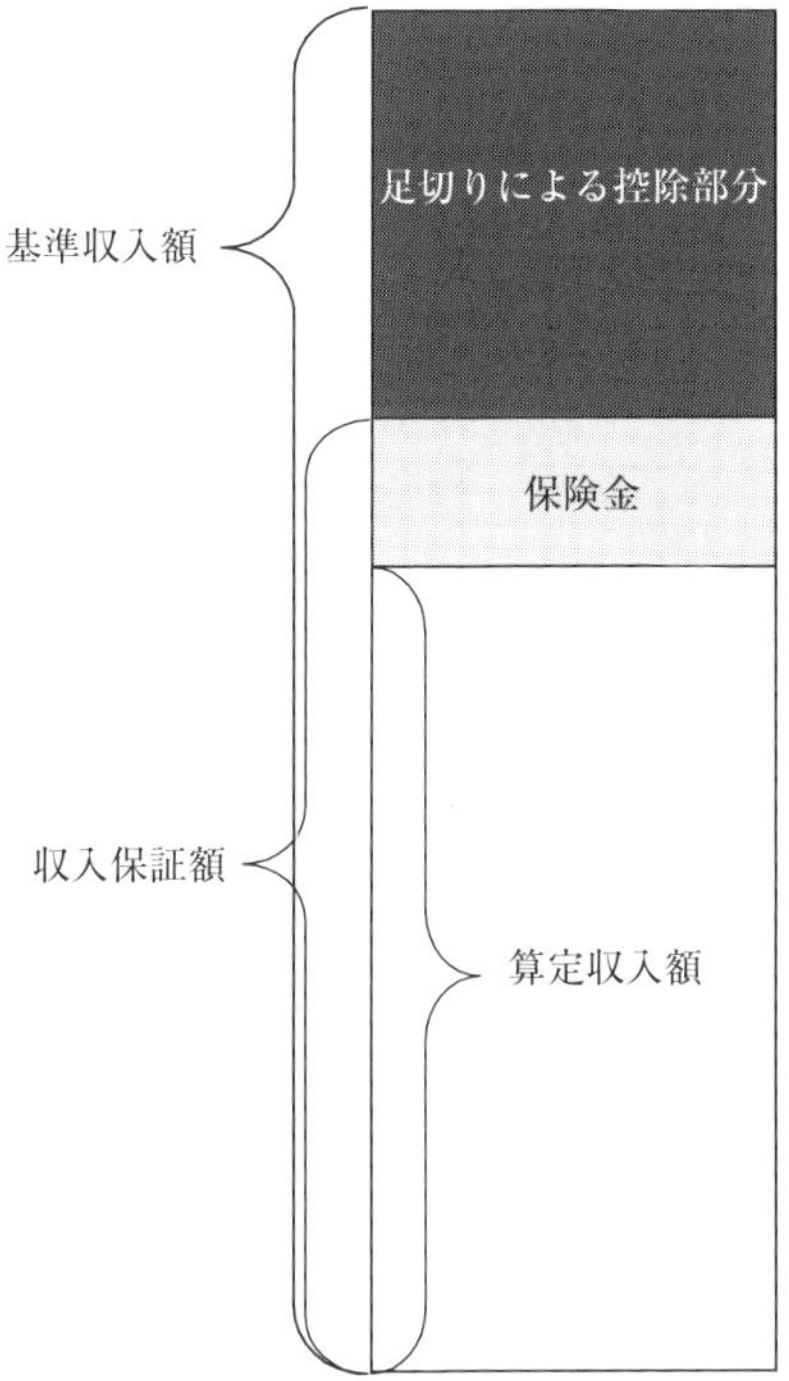

図２　WFRPによる収入保証と保険金

資料：筆者作成。

では、収入保証の基となる基準収入額はど

のように決められるのでしょうか。それを説明する前に、ＷＦＲＰの対象農業収入について述べておく必要があります。ＷＦＲＰは農業所得税申告書に記載された農業収入に基づいて保証を行いますが、申告書に記載されている農業収入がすべてＷＦＲＰの対象になるわけではありません。ＷＦＲＰの対象農業収入は、加入者が生産した農産物の販売額などの一部の収入項目に限定されます。税制上の農業収入とＷＦＲＰの対象農業収入は異なっているのです。ＷＦＲＰの対象農業収入には、「農業保険金」、「政府のからの交付金・補助金」、洗浄・選別・包装や加工など「生産後の処理による価値の増加部分」、そして他人の農作業を請け負って得られる「雇用労働収入」は含まれません。

基準収入額は、農業所得税申告書に基づく過去5年間のＷＦＲＰの対象農業収入の平均と農業生産計画に基づく保険加入年度に生産予定の農産物の予想収入合計のいずれか低い額に設定されるのが原則です。２０１５年の1～12月を保険期間とするＷＦＲＰに加入する場合には、２００９～２０１３年の対象農業収入の平均か、２０１５年の農業生産計画に基づく予想収入合計のいずれか低い方の額が基準収入額となります。

しかしながら、このような方法で基準収入額を設定すると、経営規模を拡大したり作物構成を変更して農業収入を増加させている加入者にとっては、実態を反映した基準収入額にはなりません。このため、農業所得税申告書に基づく過去5年間の対象農業収入をみて、直近2年間のうちの少なくとも1年間の対象収入が5年平均よりも大きい場合であって、かつ保険加入年度の予想収入合計が5カ年平均収入よりも大きいときには、対象農業収入が増加傾向にあると判断します。そして、一定の方法に基づいて計算された指数を5カ年平均収入に乗じて、

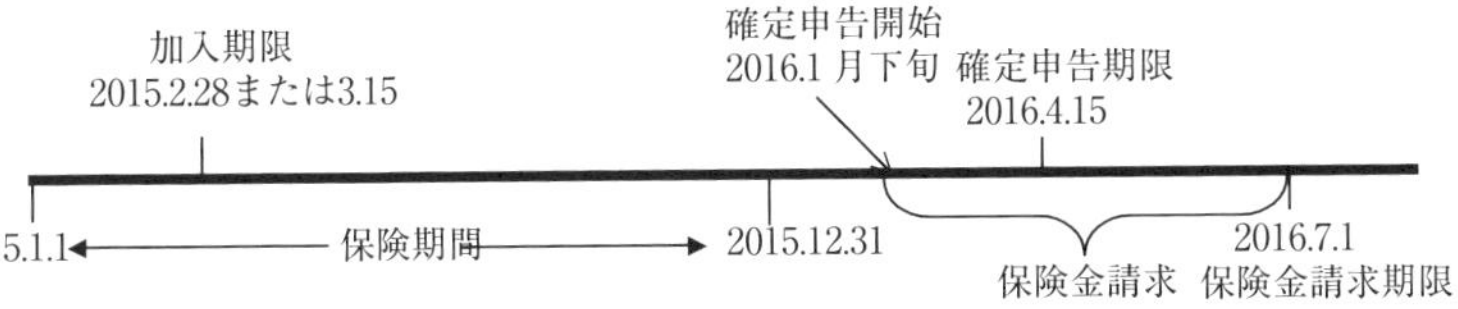

図３　WFRPの保険期間と保険金請求

資料：筆者作成。

５カ年平均収入を上方に修正します（Indexed平均収入）。また、耕地面積の増加などで物理的に生産力が拡大したとみなされる場合には、５カ年平均収入を10％引き上げることができます（規模拡大平均）。５カ年平均収入、Indexed平均収入および規模拡大平均の３つのうち最も大きいものを農業所得税申告書に基づき計算される平均農業収入とみなします。この平均農業収入と予想収入額合計のどちらか小さい方がＷＦＲＰの基準収入額となり、そして、この基準収入額に保証水準を乗じたものがＷＦＲＰの収入保証額となります。

加入者は、収入保証額に保険料率を掛けた保険料を支払わなければなりません。ＷＦＲＰの保険料率は、対象となる農産物の数が多くなるほど保険料率が低くなるように配慮されています。これは、２で述べた収入の増加・減少に関する相殺効果が対象農産物が多くなるほど大きく働くようになり、保険金の支払い機会が少なくなってしまうことに対応するためです。

⑤保険金の請求と支払い

ＷＦＲＰの保険金請求と支払いに関するタイムスケジュールを**図３**に示しました。ＷＦＲＰでは農業所得税申告後でなければ、保険年度の算定収入額が確定しないので、保険金請求は加入の翌年の確定申告開始日以降になります。算定収入額は損害評価（保険金の査定）の際に計算されます。その手順としては、㋐農業所得税申告書から対象農業収入を計

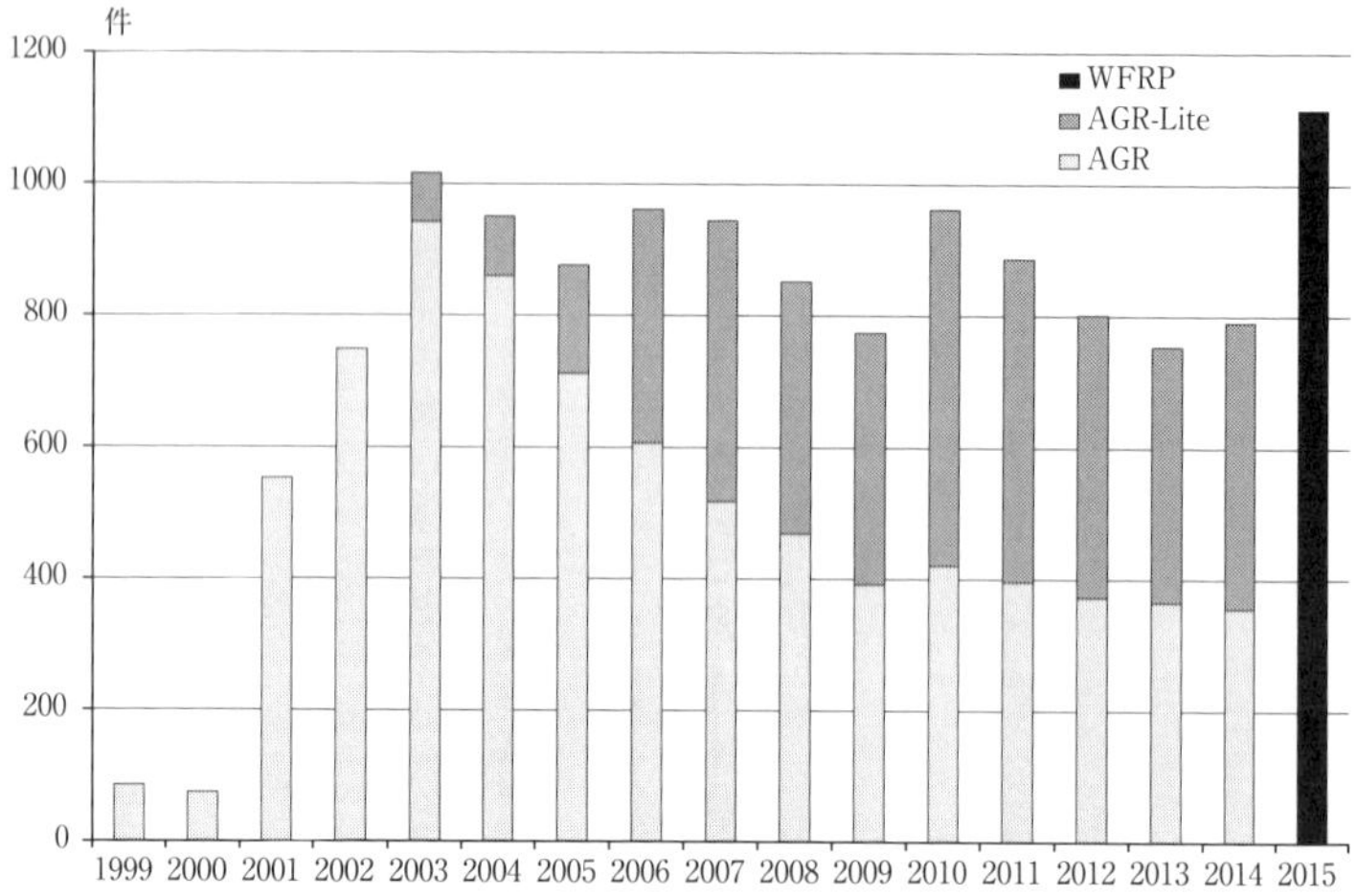

図４　経営単位収入保険の加入証券数

注：WFRP は申込証券数である。

算し、㋑㋐の対象農業収入に在庫などの調整を適用し（例えば期首と比べて期末の在庫量が増えている場合、それを金額に換算したものを対象農業収入に加える）、㋒肥培管理上のミスなどの保険対象外の事由による収入減少分を査定して㋑の収入額に加算し、㋓農業保険金を㋒の収入額に加算して、算定収入額を求めます。

損害評価は、ほ場に収穫物がない状況で実施することになるので、書類に関する審査が中心となりますが、農業者の貯蔵施設で在庫量の検査などを行うことはあります。

損害評価を経て、ＷＦＲＰ保険金が支払われることになりますが、支払いの時期は、保険期間終了の翌年の春以降となります。ただし、ＷＦＲＰの他に作物別の保険に加入していれば、ほとんどの場合収穫直後に作物別の作物保険・収入保険の保険金が支払われます。

⑥経営単位収入保険の加入実績

図４に示すように、経営単位収入保険の加入証券数は、

２００３年度にＡＧＲとＡＧＲ‐Ｌｉｔｅをあわせて１０００件を超えましたが、２０１０年度以降は減少傾向で推移してきました。この理由としては、経営統合が行われて加入者が減少したことがあげられます。従って、加入証券数は減少していますが、１証券当たりの収入保証額は増加しています。２０１４年度については、ＡＧＲの平均収入保証額は１１０万ドルとなっており、販売額階層からみると、大規模層に属する農業者が多く加入していることになります。加入者の多くは果樹生産が主体とみられています。２０１５年度のＷＦＲＰの申込証券数は１１１４件で、２０１４年度のＡＧＲとＡＧＲ‐Ｌｉｔｅの加入証券数をかなり上回っています。しかしながら、アメリカの農業保険の加入証券数は１２０万件を超えており、経営単位収入保険のウエイトは大きなものとはいえません。また、ＷＦＲＰにおいても、加入の７割強は、アメリカ北西部の３州に集中しており、ＡＧＲ・ＡＧＲ‐Ｌｉｔｅのときと比べても大きな変化はみられません。

４　おわりに

（１）収入保険制度の検討状況

農林水産省が２０１５年５月12日に開催された産業競争力会議に提出した資料に基づき、わが国における収入保険制度の検討状況をみておきましょう。まず、２０１４年度には、全国４０００経営体（個人３０００、法人１０００）の過去７年分の収入データの収集とあわせて、基本的な仕組みの検討が行われました。**表４**に想定されている収入保険制度の仕組みを示しました。これによると、わが国の収入保険制度は、５年間継続して青色申

表4　想定されている収入保険制度の仕組み

対象者	青色申告を５年間継続する農業者（個人・法人）
対象収入	農産物の販売収入全体（所得ではない）
収入の把握方法	自己申告を基本に、税務申告書類等で確認
不正受給の防止	損害発生時の通知や証拠の保存、現地調査等により確認
保険料	加入する農業者は保険料を負担
補償内容	過去５年間の平均収入等に対し、当年の収入が一定割合下回った場合に補填

資料：産業競争力会議第20回実行実現点検会合に提出された農林水産省資料を転記。

告者を行っている経営体を対象に、過去5年間の農産物販売収入の平均を基準収入額として、当年の販売収入が基準収入額の一定割合を下回るときに、保険金を支払う仕組みが想定されているようです。今後の制度設計の検討のため、２０１５年産を対象に事業化調査が行われます。事業化調査は、２０１４年11月に模擬的に収入保険に加入した全国１０００経営体（個人７５０、法人２５０）について、２０１５年１～12月の作付から収穫・販売により得られた農業収入を２０１６年に確定申告をしてもらい、その収入状況に応じて保険金の支払い（実際の金銭授受は行わない）を行って、その結果を分析するものです。分析結果に基づいて、**表４**の制度の仕組みを調整・改善し、調査やその後の検討が順調に進めば、２０１７年の通常国会に収入保険制度を作るための法案が提出される予定になっています。

(2)　制度の検討に当たって

わが国の収入保険制度は、**表４**の基本的な仕組みをみる限りは、アメリカの経営単位の収入保険の仕組みがベースになっていると考えられます。そこで、３で述べたアメリカのＡＧＲやＷＦＲＰの仕組みを念頭に置きながら、収入保険制度の検討に当たっての留意点を整理したいと思います。

①経営単位収入保険の特徴と保険需要

繰り返しになりますが、経営単位収入保険の最大の特徴として、農業者が生産・販売するすべての作物からの合計収入を対象とするため、作物間の収入の増減が相殺され、作物別の保険よりも保険金支払機会は少なくなることがあげられます。この点については、作物別に保険を提供する場合よりも、農業経営全体としてみて真に収入補てんが必要なときにのみ保険金が支払われることになるので、経済的には合理的であり、作物ごとに加入する場合よりも保険料が安くなると考えられています。安価な保険料による収入保証は、法人等の大規模経営からはメリットとして評価されると思います。

また、経営単位収入保険の導入によって、野菜や果樹のような農業共済の対象外あるいは農業共済への加入率が低い作物に対して収入保険による保証を提供することができ、それらの生産者の経営の安定化が図られると考えられます。特に、金額ベースで収入保証を行うことによって、収穫量や市場価格という尺度では十分に評価されない高品質・高価格の農産物に対して、より充実した収入保証が提供されると思われます。

一方で、アンケート調査等によると、作物間の収入の増減が相殺されること、作物別に収支計画を立てていること、特定の作物からの収入割合が高いこと等から、経営単位収入保険よりも作物別の保険に関心が高い農業者もかなりの程度存在しています。制度設計を行う上での基本となる保険母集団（保険に加入する可能性のある農業者数）を確保するため、農業者の経営単位収入保険に対する需要をきちんと把握する必要があると思います。

②制度設計上の留意点

収入保険制度の設計に当たっての留意点を、実務的なものも含めていくつかあげておきたいと思います。

1 引受と損害評価

まずは、保険の引受と損害評価に関する点です。保険を引き受けて、収入保証額を決めるための農業収入の把握には、青色申告書が用いられます。ここでの実務上の問題は、保険期間中の農業生産活動に伴う収入がもれなく適正に申告されているかどうかをどのように確認するかです。公的機関への申告書類は全面的に信頼すべきであるという考え方もあると思います。しかしながら、公的な助成が行われる政策的な保険を仕組むに当たっては、厳密に申告内容を確認することが求められるでしょう。青色申告書により農業所得を申告する場合、青色申告決算書に収入金額の内訳として、作物・品目名、作付面積、収穫量、期首・期末棚卸高、販売金額、事業・家事消費、雑収入等を記載する欄があります。保険を実施する主体（以下「保険者」という）は、この青色申告書の記載内容が適正であることを、帳簿や各種書類により確認しながら収入保険の引受を行うことになるのではないかと思います。筆者は事例的に国内調査を行ってみましたが、青色申告書の収入金額の内訳の記載事項がすべて適切に記入されている例はごくわずかでした。アメリカでは、保険者は農業所得税申告書の数字自体は正しいという前提の下で事務処理を行っているようです。AGRでは、最初に加入するときに5年分の農業所得税申告書と対象農業収入を確認するのに手間がかかりますが、翌年以降は1年ごとに新しい収入データをアップデートするだけなので、引受にそれほど手間がかからなかったとのことです。

保険金請求に対しては、保険期間の翌年春の確定申告後に損害評価を行い、保険金を支払うことになります。保険者は、ほ場に収穫物がない状況の中で、保険対象リスクによりどの程度農業収入が減少したのかを、青色申告書とその裏付け書類によって確認しなければなりません。これまでの農業共済ではほ場に収穫物が存在する状況で、現地での被害の確認によって、損害評価を行ってきました。そのようなシステムとは全く異なる発想で損害評価を行う必要があります。AGRでも損害評価は非常に手間がかかるといわれています。ただし、ほとんどすべての加入者は作物保険にも加入しているので、ほ場の被害状況についての情報は入手できています。

② 保証対象となる収入

次に、引受や損害評価の手間とも密接に関連しますが、保険の保証対象収入の範囲をどこまでとするか、すなわち、WFRPでは除外されているものに相当する共済金、経営所得安定対策や水田活用の直接支払交付金などの政府からの補助金、生産後の価値増加分（洗浄、選別、包装、加工など）、雇用労働収入を対象収入に含めるのかどうかの問題があります。対象収入を限定するほど、青色申告書で申告された農業収入の内訳を細かく把握しなければならなくなり、保険者にとって事務負担が大きくなる可能性があります。特に、生産後の価値増加分については、洗浄、選別、包装などに要する経費を把握しなければなりません。アメリカの場合も生産後の価値増加分の把握は簡単ではないとされています。しかしながら、アメリカの加入者の多くが生産する果樹については、集荷業者が価値増加分に係る経費を区別して伝票を作成するケースが多いと聞いています。

[3] 保証水準と保険料

加入者にとって最も関心があるのは、保証水準と保険料ではないでしょうか。保証水準として9割、あるいはそれ以上の水準を求める声は多いと思います。筆者のラフな試算でも保証水準8割にすると、保険金が支払われる機会が保証水準9割に比べてかなり少なくなるようです。しかしながら、保証水準を高くすれば、当然保険料率も高くなります。農業者が考える収入リスクに対応できるように、高い保険料で高い保証水準、安い保険料で低い保証水準のいずれかを選択できるようにする必要があると思います。また、保険料率を一律に設定するのか、作目別に設定して農業者ごとにそれを組み合わせて適用するのかという点も検討する必要があるでしょう。アメリカの場合は、作物別の保険料率を作物ごとの収入ウエイトなどに応じて組み合わせて、農業者ごとの保険料率を設定しています。

[4] 規模拡大などへの対応

経営規模の拡大や経営転換を図ろうとする意欲ある担い手が収入保険に加入する場合に、その農業収入リスクを緩和するため、適切な収入保証額を設定する必要があります。アメリカのＷＦＲＰでは、過去の平均収入と今年の予想収入のいずれか低い方が収入保証額です。過去の平均収入としてIndexed平均収入や規模拡大平均が用いられたとしても、収入保証額は「いずれか低い額」に設定されます。段階的な規模拡大や経営転換であれば、それでもある程度は対応可能かもしれませんが、例えば規模を2倍にする、栽培方法をすべて有機農法に変えて単価を3倍にするといった大胆な経営戦略をとろうとしても、アメリカの方式に準拠していては、それらのケースに十分に対応することはできません。収入保証額が過大にならないように留意しつつ、起こりうる規模拡大や経営転換をサポートできるような収入保証額の設定方法を工夫する必要があると思われます。
また、収入保険と他の収入安定化機能を有する制度や対策との関係、具体的にいえば、重複した保証を行わないように工夫しながら、収入保険とそれらの制度・対策との同時加入を認めるのかどうかを検討する必要があると思います。

＊　＊　＊　＊　＊

経営単位収入保険は、「すべての農業者にとってメリットがあって全員が加入すべきもの」ではないと思います。多角化などによって既に収入リスクに対応している場合や契約出荷で価格が安定しており収量リスクしかない場合には、必ずしも経営単位収入保険が必要ではないでしょう。新たな経営単位収入保険がどのような経営にどのようなメリットを与えるのかを、より具体的な保険の仕組みと適用事例を示しながら、わかりやすく説明していくことが重要であると思います。

本稿は、科学研究費助成事業（基盤研究（B））「アンブレラ型のセーフティネット政策の制度設計と経済的効果に関する研究」による研究成果の一部です。

参考文献

長谷部正・吉井邦恒編著（2001）『農業共済の経済分析』農林統計協会

吉井邦恒（１９９８）「アメリカの収入保険制度―収入保険制度の検討素材として―」『農業総合研究』第52巻第1号、51～84頁

吉井邦恒（２００２）「農業収入の変動状況と安定化対策に関する分析」『農林水産政策研究』第2号、1～26頁

吉井邦恒（２０１２）「インデックスタイプの農業保険と農業者のリスク意識の解明」（平成21～23年度科学研究費補助金（基盤研究（B））研究成果報告書）

吉井邦恒（２０１４）「わが国における農業収入保険をめぐる状況―アメリカの収入保険ＡＧＲを手がかりとして―」日本保険学会『保険学雑誌』第６２７号、１０７～１２７頁

吉井邦恒（２０１４）「アメリカの経営単位収入保険ＡＧＲの運営実態（上）：ＡＧＲの引受事務について」『月刊ＮＯＳＡＩ』第66巻12号，27～31頁

吉井邦恒（２０１５）「アメリカの経営単位収入保険ＡＧＲの運営実態（中）：ＡＧＲの損害評価事務について」『月刊ＮＯＳＡＩ』第67巻1号、47～52頁

吉井邦恒（２０１５）「アメリカの経営単位収入保険ＡＧＲの運営実態（下）：ＡＧＲの保険料率と新たな経営担収入保険について」『月刊ＮＯＳＡＩ』第67巻2号、39～44頁

U.S. Department of Agriculture, Risk Management Agency (2007), *2007 Adjusted Gross Revenue Standards Handbook*

U.S. Department of Agriculture, Risk Management Agency (2015), *Whole-Farm Revenue Protection Pilot Handbook*

U.S. Department of Agriculture, Risk Management Agency, "Summary of Business Reports and Data" http://www.rma.usda.gov/data/sob.html（２０１５年6月1日アクセス）

Ⅲ　我が国水田農業の将来展望と経営安定対策の再検討

1　現場の悲鳴

２０１４年秋、50ha以上を作付する大規模稲作農家の方から、深刻なメールが届きました。その内容は、概略、「26年産米価低落は深刻で、経営の存続に関わります。稲刈りは終盤を迎えていますが、青米が多く収穫量・品質ともあまりよくありません。三重苦の秋です。まさに「岩盤対策」が必要です。」というものでした。

新たな自公政権の「新農政」には、農産物の販売価格が低迷して農家の生産コストを下回った場合に、その差額を補填して、農家の所得を下支えする「岩盤」政策として導入された戸別所得補償制度などを廃止して、収入変動をならす「ナラシ」の政策のみに戻し、それを収入保険の形にしていこうという政策の流れがあります。これは、農家の所得の「岩盤」＝下支え（セーフティネット）について、民主党政権時に導入されたものをすべて白紙に戻す、つまり、前の自公政権の２００７年の政策に戻すものです。

収入保険を一つの政策手段の一つとして、米国の仕組みなども参考にして検討することは重要でしょう。しかし、米国と日本が決定的に違うのは、米国が、不足払い（ＰＬＣ）または収入補償（ＡＲＣ）の選択による生産コスト水準を補償する仕組みがベースにあった上で、収入保険を提供しているのに対して、我が国では、所得のセーフティネットはなくして、収入保険のみでよいとしている点です。

そして、この「新農政」を進め始めた矢先の米価暴落です。「新農政」で米価が上昇するとの見解は何だったでしょうか。以下に示す我々の試算でも、新たな自公政権での「新農政」では、米価が早晩、大幅に下落する可能性を示していましたが、これほど一気に事態が深刻化するとは想定以上です。

TPP（環太平洋連携協定）における米国などに対する10万トン程度のコメの無税輸入枠の設定も考慮すると、この事態は、現在進みつつある「新農政」がこのままでいいのかどうかを検証し、今後の経営安定対策のあり方を検討するに当たり、大きな波紋を投げかけています。

2　1万円を下回る米価の可能性

そこで、我々は、「新農政」が進められた場合のコメ需給と米価の推移を計量モデルにより試算してみました。我々の試算では、戸別所得補償制度を段階的に廃止し、ナラシのみを残し、生産調整を緩和していくという「新農政」が着実に実施された場合、2030年頃には、1俵（60kg）で9900円程度の米価で約600万トンでコメの需給が均衡します。ナラシを受けても米価は10200円程度で、15ha以上層の生産コストがやっと賄える程度にしかなりません（**図5**）。実際には、この試算よりも、もっと急速に事態が悪化しつつあるということです。

「新農政」によって、米価が上がるという見方がありました。飼料用米生産を現状の18万トン（その他MA米などが38万トン）から450万トンまで、7000億円の財政負担で増やすということが米価上昇の前提です。

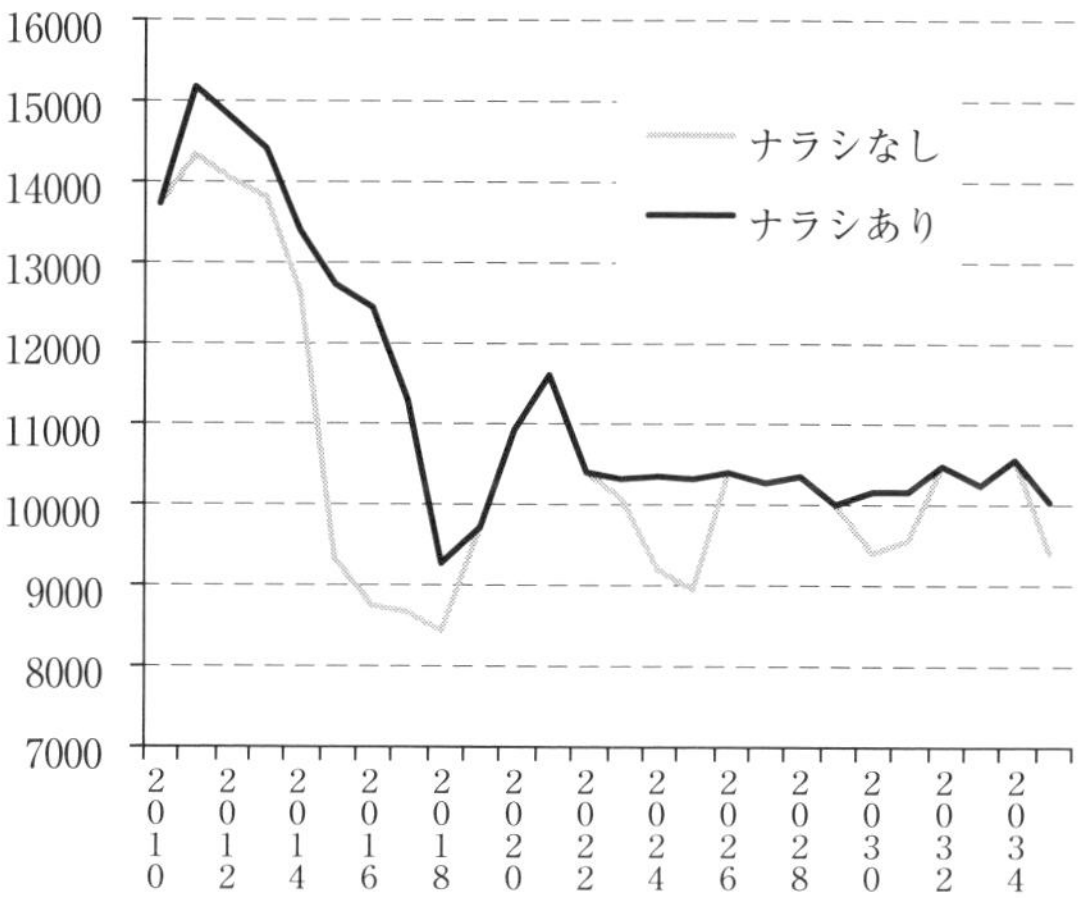

図5　所得の「岩盤」を廃止する新政策下における米価の推移の試算（円 /60kg）

資料：東大鈴木研究室グループによる暫定試算値。
注：試算の前提条件は以下のとおり。
　生産調整は2015年から徐々に緩んでいくと仮定。
　固定支払：2013年産は15,000円/10a；2014～2017年産は7,500円/10a；2018年産以降は0円/10a。
　変動支払：販売価格が11,978円／60kgを下回った場合に、その差額を補填。2014年以降は廃止。
　ナラシ=標準的収入額(5中3)を下回った場合に9割補填(3ha以上層のみ)は継続。
主食用米以外の前提条件は下表のとおり。

小麦	大豆	米粉用米	飼料用米
ゲタ＋ナラシ：生産者価格が最低6360円/60kgを確保できるように補助。	ゲタ＋ナラシ：生産者価格が最低11310円/60kgを確保できるように補助。	直接支払：2013年産は80000円/10a；2014年産以降は105000円/10a。	直接支払：2013年産は80000円/10a；2014年産以降は105000円/10a。
直接支払：35000円/10a	直接支払：35000円/10a		

飼料用米の増産は重要ですが、この目標が簡単にできるとは思われません。畜産農家がそれだけ大量の飼料米を吸収できるか、また、現在の米国からの約1000万トンの飼料用とうもろこし輸入量の半分をコメで半分を置き換えることに、米国からの反発も生じるでしょう。

しかも、補助金単価を10a8万円から10・5万円に増額したといいますが、680kg／10aの単収で10・5万円だから、単収が上がりにくい地域では、現状の8万円を確保できる530kgの達成も困難という声が各地で出ており、現状の8万円を下回る支給しか受けられない農家も多く出てきそうで、飼料米はむしろ減産する可能性があるという指摘もあります。そうなれば、主食用の生産枠もなくなる中で、TPPなどの関税撤廃圧力も加わり、米価は趨勢的に下がる可能性を念頭に置かざるを得ないのではないかと思われました。

それに対して、戸別所得補償の10a1・5万円の固定支払いと変動支払いを廃止しても、その分は「多面的機能支払い」の充実でカバーするというのです。しかし、「多面的機能支払い」と言っているものは、「農地・水保全管理支払い」を組み換えた集団的な地域資源維持活動への支払いであり、「農地・水」に比べて、額的にも、例えば、都府県の田で10aあたり4400円が5400円に1000円だけ支給単価が上がった程度です。そして、そもそも、この支払いは組織の活動への支援金で、個別経営の所得のセーフティネットには直結しませんから、従来の固定支払いと変動支払いの代わりにはなりません。そのため、我々の試算では、この「多面的機能支払い」については、農家の経営行動を左右する要因としては組み込んでいません。

こうした中、収入変動緩和策（ナラシ）のみは残し、対象を都府県で4ha以上、北海道で10ha以上といった規模では切らないが、認定農業者と集落営農組織に絞りました。かなり限られた経営への支払いとなる点は前回の自公政権の時の品目横断型経営安定政策と同じです。そもそも、ナラシだけでは所得は支えられないというのが議論の出発点でした。それは収入保険に移行しても同じです。我々のモデルでは、モデルの制約上、ナラシは3ha以上の農家に支払われるものと設定しました。

ナラシや収入保険は収入変動をならすだけなので、14000円とか、望ましい生産者手取り米価水準の実現を何ら補償するものではないことを改めて認識する必要があります。

3　米国の収入保険は不足払いとセット

「米国も収入保険が主流になっており、その米国型の収入保険を手本とするのだ」という言い方もされ、米国の酪農政策についても、２０１４年農業法で抜本的改革によって収入保険型に移行したとされますが、ここには大いなる誤解があります。

まず、穀物については、米国には、目標価格（生産コストに見合う水準）と市場価格との差額を補填する不足払い（ＰＬＣ）という「岩盤」政策がしっかりとあります。トウモロコシ、大豆、小麦、コメの目標価格は、小麦以外は２００９~２０１０年の生産コストを上回る水準に設定されています。２０１４年農業法では、農家は不足払い（ＰＬＣ）と収入補償（ＡＲＣ）のいずれかを選択することになっています。収入補償（ＡＲＣ）は、基準収入の86％を補償する仕組みですが、収入補償の基準収入を計算する販売価格について、「販売価格が目標価格（生産コスト）を下回る場合は、販売価格の代わりに目標価格を用いる」という形になっています。

つまり、そもそも、収入補償（ＡＲＣ）に『岩盤』が入っているのです。これは、民主党政権の前の自公政権で、２００７年に導入された「ナラシ」では、継続的な価格下落時に所得を支えられないとの現場の切実な声に対処して、「ナラシ」の改善策として、例えば、「５中３」（基準収入の計算に過去5年の最高と最低を除いた3年を使うルール）の3年のうちに１４０００円／60 kgの米価を下回る年があったら、その年の値は１４０００円に置き換えて14000円を実質的「岩盤」にするという議論がありましたが、まさにその考え方と同じです。

このように、PLCまたはARCで生産コストに見合う収入補償が確保されている上に、各農家の選択で加入する収入保険が準備されているのです。これは、コストに見合う収入補償なしで収入保険のみが残される我が国とは決定的な違いであり、米国型の収入保険だけでよいとする議論は極めてミスリーディングなのです。

酪農についても、2014年農業法で導入された政策は、確かに保険の要素が入っていますが、収入保険ではなく、「収入－コスト＝マージン」保険であるとともに、基本的に再生産に最低限必要なマージン（100ポンド＝45・36kg当たりの乳代と餌代との差額が4ドル）は基準生産量の9割について保険料なし（1経営当たり約1万円の登録料のみ）で政府が保証し、より大きなマージンを保障したい経営のみが追加料金を払う仕組みです。生乳1kg当たり約9円で、100頭経営で約700万円の「最低所得保障」に近いのです。

これに伴い、政府が乳製品を買入れて加工原料乳価を支える制度も、マージンが4ドルを下回ったら政府が乳製品の買入れる仕組みに衣替えしました。近年のような生産コスト上昇時には価格を指標にした制度では所得を支えきれない問題をシステマティックに解決するため、政策体系を「販売収入－生産コスト」を支える仕組みに再編成したのです。

米国を手本にするというなら、「岩盤」（所得の下支え）を提供した上での収入保険にしないといけないはずですが、我が国では、逆に、農産物価格がどこまで下がっても下がった状態での平均収入しか支えられない「底なし」の収入保険だけが議論されています。

4　このままでは農村現場はもたない

いま農村現場で進行している事態を直視する必要があります。このまま、農産物の販売価格が低迷して農家の生産コストを下回った場合に、その差額を補填して、農家の所得を下支えする「岩盤」政策として導入された戸別所得補償制度などを廃止して、収入変動をならす「ナラシ」の政策のみに戻し、それを収入保険の形にしていこうという政策が実施されたら、農村現場はさらに深刻な事態に直面する危険があります。

ＪＣ総研客員研究員姜薈さんと我々が全農委託研究として実施した品目別の将来需給の推計は重大な検討資料を提供しています。最近、離脱や規模縮小による減産を残った経営の規模拡大でカバーできぬ事態が畜産・酪農を中心に全作目で進行しています。

「岩盤」（所得の下支え）が導入される前で、資材高騰やＴＰＰ不安の影響もない２０００〜２００５年の５年間の経営規模階層間の農家数の移動割合を将来に引き延ばすと、コメ生産は、10 haないし15 haを分岐点として、規模拡大は進むものの、離農や規模縮小農家の減産をカバーできるだけの農地集約が行われず、コメの総生産は15年後の２０３０年には６７０万トン程度になり、稲作付農家数も５万戸を切り、地域コミュニティが存続できなくなる地域が続出する可能性があります。だからこそ、「ナラシ」（収入変動をならす政策）だけでは不十分との現場の声を受けて戸別所得補償制度が導入されたことを忘れてはなりません。

しかし、コメ以外の作目と比べると、２０３０年時点で、野菜、果樹、酪農で３割以上、牛、豚、鶏では４〜

表5　品目別総生産量指数（2015年＝100）

	2015年	2020年	2025年	2030年
コメ	100.00	94.63	90.71	87.71
	100.00	94.25	89.05	84.22
小麦	100.00	105.87	109.66	111.55
大豆	100.00	94.88	87.07	78.14
野菜	100.00	89.15	79.02	69.75
果樹	100.00	87.36	76.41	66.89
ばれいしょ	100.00	87.66	76.79	67.22
生乳	100.00	87.02	75.74	65.99
牛肉	100.00	82.12	67.92	56.55
豚肉	100.00	72.41	53.31	40.04
ブロイラー	100.00	81.76	67.19	55.60

資料：JC総研客員研究員姜薈による推計。
注：コメの上段は2005～2010年データ、下段は2000～2005年データに基づく推計。その他は2000～2005年データに基づく推計。

表6　品目別総消費量指数（2015年=100）

	2015年	2020年	2025年	2030年
コメ	100.00	91.71	83.45	75.23
パン	100.00	104.83	109.48	114.31
麺類	100.00	101.00	101.96	102.92
小麦粉	100.00	101.85	104.05	106.03
小麦換算	100.00	102.81	105.54	108.34
しょうゆ	100.00	91.73	83.81	76.24
みそ	100.00	91.85	83.66	75.40
生鮮野菜	100.00	99.48	98.24	96.29
生鮮果物	100.00	93.78	87.34	80.68
ばれいしょ	100.00	97.75	95.17	92.43
牛乳	100.00	87.45	76.13	65.77
チーズ	100.00	108.28	116.01	123.51
牛肉	100.00	91.70	84.57	78.29
豚肉	100.00	108.64	117.12	125.84
鶏肉	100.00	109.86	119.69	130.20

資料：JC総研客員研究員姜薈による推計。

6割もの大幅な生産減少が見込まれるのに比べると、それでもコメは最も生産量の減少が小さい「優等生」です（**表5**）。

一方、2000～2012年について年齢階層別の嗜好変化を、価格と所得の影響を分離して抽出し、将来に引き延ばすと、コメの消費量は一人当たり消費の減少と人口減で、2030年には600万トン程度になります。なんと、生産減少で地域社会の維持が心配されるにもかかわらず、〝それでもコメは「余る」〟のです（**表6**）。

先述のとおり、我々の別の試

表7　品目別自給率

	2015年	2020年	2025年	2030年
コメ	98.94	102.08	107.55	115.35
	99.86	102.61	106.56	111.80
小麦	9.57	9.85	9.94	9.85
大豆	5.83	6.02	6.06	6.00
野菜	71.79	64.34	57.75	52.00
果樹	36.35	33.86	31.80	30.14
ばれいしょ	60.35	54.12	48.69	43.89
生乳	64.22	60.24	56.36	52.62
牛肉	37.64	33.71	30.23	27.19
豚肉	34.46	22.97	15.68	10.96
鶏肉	49.72	37.00	27.91	21.23

資料：JC総研客員研究員姜蕾による推計。
注：コメの上段は2005～2010年データ、下段は2000～2005年データに基づく推計。その他は2000～2005年データに基づく推計。

算では、戸別所得補償制度を段階的に廃止し、ナラシのみを残し、生産調整を緩和していくという「新農政」が着実に実施された場合、2030年頃には、1俵（60 kg）で9900円程度の米価で約600万トンでコメの需給が均衡する（**図5**）ので、2つの試算は整合的です。

そこで、コメから他作物への転換、あるいは主食用以外のコメ生産の拡大が必要ということになりますが、しかし、非主食用米のうち最も力点が置かれている飼料米については、その需要先となる畜産部門の生産が大幅に縮小していくと見込まれるため、生産しても受け皿が不足する事態が心配されます。一方、飼料米を積極的に導入することによって酪農・畜産の生産費削減が可能となるので、飼料米の普及が畜産の生産力を回復させる可能性も指摘されています。この点については、［補論］を参照して下さい。

一方、消費が伸びるのは、パンなどの小麦製品、チーズ、豚肉、鶏肉です。その他は減少し、飲用乳は3割以上、コメ、みそ、しょうゆが2割以上、牛肉、果物が2割程度、野菜は堅調で数％の減少と見込まれます。

総じて、生産、消費の双方がともに縮小基調を辿るが、生産の減少幅のほうが大きいため、「縮小均衡」も無理で、自給率がさらに低下するものが大半であることは事態の深刻さを如実に物語っています（**表7**）。なかでも、豚、鶏は、最も生産縮小幅が大きい一方で、消費の伸びは最も大きいので、需給ギャップが輸入で埋められるとすれば、豚、鶏の自給率の低下は著しいものとなります。

5　2005〜2010年による再推計

2000〜2005年データによる結果は生産資材価格高騰の影響を受けていません。

そこで、コメ以外についても、2005〜2010年の農業センサスの個票データを筆者らが連結して、地域別・品目別の規模階層間の農家移動の構造動態統計を独自に作成して、再推計を行いました。その結果は、**表8**のとおりです。

表8のように、2000〜2005年の規模階層間の農家の移動データによる推計でも生産の大幅な減少が見込まれる結果になっていましたが、飼料危機を経験した2005〜2010年のデータにより再推計すると、その度合いは、酪農については、さらに深刻さを増すことが予想されます。養豚については、若干、推計結果が上方修正される形になるなど、品目によって違いはありますが、いずれにしても、深刻な生産減少が見込まれることに変わりはありません。

これに、国会決議違反のＴＰＰ（環太平洋連携協定）の合意内容、岩盤をなくす農政改革、農業組織の解体な

表８　主要品目別の全国作付面積・飼養頭数の将来推計結果の比較

品目別	2015年	2020年	2025年	2030年	2035年
コメ	100	94.8	91.1	88.2	85.7
	100	94.3	89.1	84.3	79.8
果樹	100	88.2	77.9	69.1	61.4
	100	87.4	76.4	66.9	58.6
野菜	100	85.2	72.3	61.3	52.1
	100	89.2	79.0	69.7	61.4
乳用牛	100	81.5	66.5	54.5	44.9
	100	87.0	75.8	66.0	57.6
肉用牛	100	80.8	65.9	54.5	45.5
	100	82.1	67.9	56.5	47.4
豚	100	76.8	60.1	47.9	38.9
	100	72.4	53.3	40.0	30.8

資料：JC総研客員研究員姜薈による推計。
注：上段は2005～2010年、下段は2000～2005年の農家の規模階層間移動から推計。2005～2010年については、農業センサスの個票データからの独自集計。

どが進められたら、現場はどうなってしまうのか。地域社会の崩壊を加速するような政策であってはならず、それをくい止めて、明るい未来が展望できる政策の見直しが求められています。

6　コメ需給、飼料米などへの転換政策を狂わせるTPPの日米合意

ＴＰＰの日米交渉の合意内容は、今後のコメ需給、飼料米などへの転換政策を狂わせる深刻な内容と言わざるを得ません。そこで、当然問題になるのは、「重要品目は除外または再協議」という国会決議との整合性です。もちろん、国会決議の「除外」は、関税撤廃の除外であって関税削減や一定数量内の無税枠の設定は否定していないという姑息な理屈も当初から準備されていました。しかし、では、「１％残すだけでもゼロでなければいいのか」ということになります。それに対しては、「再生産が可能なように」という枕詞を挿入してありました。「国内対策も含めて重要品目の再生産が可能」であれば、国会決議は守られたと解釈できるのだ、という理屈です。つまり、国内対策との合わせ技で「文句は言わせない」ということです。

では、百歩譲って程度問題で考えて、「国内対策も含めて重要品目の再生産が可能」かどうか、主要品目ごとに検証してみましょう。

(1) コメ

まず、コメについては、米国に加工用米も含めて10万トン程度の無税枠が想定されます。米国以外に、オーストラリアやベトナムへの枠も必要になると、数字はもう少し大きくなるでしょう。

これに対して、すでに多くの農家が稲作継続が困難になると悲鳴を上げている現在の超低米価に直面しても、政府は何も抜本的な対策は採らないと言い続けているのですから、何も抜本的な対策は採らないつもりでしょう。市場から隔離するといっても、備蓄米の保有期間を長くする程度では、さらなる米価下落は避けられそうにありません。

(2) 牛肉・豚肉

それにもまして、牛肉関税は現行の38・5％から9％程度、豚肉の差額関税は最も安い価格帯で482円／kgから50円と大幅に引き下げ、高価格肉の4・3％はやがて撤廃というのは厳しいです。冷凍牛肉の38・5％から9％は1／4、豚肉にいたっては、482円／kgから50円と、最大で、約1／10です。しかも、一番低い価格帯を50円にするということは、ほぼ一律50円の関税になり、実質的に差額関税制度はなくなり、かつ、高価格部位の関税の4・3％はゼロになる、ということです。

いまは、差額関税の適用を回避するため、低価格部位と高価格部位とのコンビネーションで4・3％の関税しかかからないように輸入が工夫されていますが、50円なら、低価格部位だけを大量に輸入する業者が増加する可能性があります。セーフガード（緊急輸入制限）がそう簡単に発動されるような発動基準数量でない（非常に大きい）ので、今回の合意内容は極めて深刻なものと言わざるを得ません。

豚肉への影響の深刻さは尋常ではないですが、牛肉についても、乳雄牛肉はもちろん、和牛も大きな影響を受けることは、過去の和牛価格と輸入価格との連動性を調べればわかります。もし、このまま事態が進むならば、牛肉や豚肉に現在も実施されている生産コストと市場価格との差額を補てんする仕組みを抜本的に拡充して支えないかぎり、今でも、すでに40％程度まで下落している牛肉・豚肉の自給率は、壊滅的に低下する事態になりかねません。なぜなら、現状の養豚の経営安定対策は、赤字の8割補填で、農家も1／2負担していますから、実質は0・8×0・5で4割補填にしかなっていません。この点の拡充を求めて、肉用牛並みになったとしても、赤字の8割補填で、農家も1／4負担していますから、実質は0・8×0・75で6割補填にしかならないからです。このような仕組みの部分的改善では不十分であり、最大限の努力でも越えられない海外との生産性格差を埋める「固定支払い」（全額政府負担）と「収入変動緩和支払い」（生産者も拠出）の2本立ての検討が必要になると思われます。しかし、関税収入も1000億規模で減る中で、財源が問題になります。財務省が難色を示しています。

（3）乳製品

乳製品については、バターや脱脂粉乳の枠外関税は維持するが、米国向けの低関税のＴＰＰ輸入枠を追加的に設定する（オーストラリア、ニュージーランドなどにも）ということのようです。米国は、米国自身もオーストラリア、ニュージーランドよりも酪農の競争力が劣るので、全面的な関税削減で競争するよりも、枠を確保して、オーストラリア、ニュージーランドから米国に輸入が増える分を、日本とカナダに輸入させて帳尻を合わそうとしたようです。

酪農対策については、現行政策は「不足払い」と言いながら、加工原料乳への固定的な補給金でしかないので、牛肉や豚肉のような「コスト−市場価格」を補填できないため、飼料価格の高止まりの下で乳価が十分に確保できず、酪農生産基盤の縮小が危機的状況になっていますが、今も抜本的対策は一切採らない方針を貫いていますので、「ＴＰＰは枠の拡大だけだから何もしない」ということになりかねません。せいぜい、加工向けについて、一部から要求の強い生クリーム向けの補給金などを検討する可能性があるくらいでしょう。しかし、牛肉関税削減の影響も勘案しないといけないし、これでは、酪農生産の縮小は止められないでしょう。

（4）小麦

現在の輸入小麦のマークアップ（実効17円／kg）を半分程度に引き下げるので、輸入小麦の国内流通価格が下がり、国内麦価格の下落につながるとともに、４００億円の財政収入が減ってしまうので、価格下落に伴い、国内の小麦の固定支払い（ゲタ対策）などは拡充すべきところ、むしろ財源は減るという困難が生じることになります。

（5）砂糖　除外

（6）重要品目以外

以上の品目を検証しただけでも、砂糖のほかは、「国内対策も含めて重要品目の再生産が可能」と言い張ることはけっしてできない事態に直面していると言わざるを得ませんが、さらに認識すべきは、重要品目でこんな事態なのだから、重要品目以外は、当然のごとく、ゼロ関税までの猶予期間はある程度あるにせよ、ほぼ全面的関税撤廃だと考えざるを得ないという現実です。

例えば、比較的高い果汁や生果の関税が撤廃されたら果樹経営への影響が甚大であることは筆者らの試算でも示されています。また、ＴＰＰ域内に生産国がないといっても、周辺国からの原料を使用したこんにゃく製品の迂回輸入も含めて、こんにゃく製品の関税撤廃にどう対処するのか。菓子などの加工品や調製品なども関税撤廃されますが、それは原料農産物に多大な影響を及ぼしかねないのです。あらゆる品目について、早急に関税撤廃の影響を精査する必要が生じているのです。

以上から、もしTPP合意内容がそのまま実施されたら、全面的関税撤廃の時の農水試算が3兆円でしたが、それよりは縮小するものの、その被害総額は相当に大きなものとなると見込まれ、国内対策で、それが十分に打ち消せるとは思われません。

コメ需給はさらに緩み、飼料米などを増やして主食用米からの転換を図るにも、畜産・酪農という飼料米の需要先などが大打撃を受けることで、推進力を失う可能性もあります。

7 「岩盤」議論の経緯を振り返ろう

岩盤（所得の下支え）の議論は現場の農家の切実な声を反映したものでした。現場の声を受けた最近の農政改革の流れを要約すると、まず、２００７年に、「戦後農政の大転換」として、

①一定規模（北海道10 ha、都府県４ ha）以上の経営体への収入変動を緩和する所得安定政策（産業政策）と、

②規模を問わない農家全体に対する農が生み出す多様な価値を評価した直接支払い（社会政策）とを車の両輪として位置づけるという政策体系が打ち出されましたが、その後、現場では改善を求める声が出てきました。それは、

①規模は小さいけれども多様な経営戦略で努力している経営者をどうするのか、

②農村への直接支払いは役立っているものの、「車の両輪」といえるだけの大きさにはほど遠い、

③過去3年（5年のうちの最高と最低を除く）の平均による計算では、経営所得の補填基準が趨勢的な米価下

落とともにどんどん下がってしまい、所得下落に歯止めがかからず経営展望が開けない、
④麦・大豆等への過去実績に基づく支払いでは現場の増産・品質向上意欲が減退する、
というものでした。これに応えるべく、前回の自公政権においても、
①「担い手」の定義を広げる、
②その「担い手」に所得の最低限の「岩盤」が見えるようにする（例えば、「5中3」の3年のうちに14000円／60 kgを下回る年があったら、その年の値は14000円に置き換えて14000円を実質的「岩盤」にする）、
③「車の両輪」となる農の価値への支援は10倍くらいに充実する、その上で、
④コメの生産調整の閉塞感を打破するための弾力化を図り、現場の創意工夫を高める、
ことが議論されましたが、この議論は完結する前に政権が交代しました。

そして、前回の自公政権が最後に提示した「岩盤」政策案とほぼ同じものが、民主党への政権交代と同時に「戸別所得補償制度」によって具体化しました。ただし、平均コスト13700円と平均販売価格12000円との差額（固定支払い）と基準価格（過去3年の平均販売価格）と当該年の米価との差額（変動支払い）の組合せであり、米価下落が続くと、両者に「隙間」が生じるので、実は13700円が「岩盤」とはいえなかったため、のちに基準価格の固定が行われました。

なお、「岩盤」の提供は、農家のモラル・ハザード（意図的な安売り）を起こすとして問題視されてきましたが、

必ずしもそうではないと思われました。標準的な経営において、例えば、価格に置き換えて、目標水準1４０００円／60 kgと現実の当該年の収入1２０００円／60 kgとの乖離幅２０００円の9割の1８００円を一俵当たりに補填することにすれば、努力の結果、当該年の収入が1６０００円の経営でも1８００円はもらえますし、わざと８０００円で売ったとしたら、1８００円をもらっても経営は苦しくなりますから、経営努力を促す要素が組み込まれます。

また、販売農家全体に支払うのが「バラマキ」だとの批判もありますが、その批判は当たらないと思います。全国平均の生産コスト1４０００円を基準にして補填すれば、生産コストが1２０００円の経営には「ボーナス」になり、生産コストが1７０００円の経営には赤字のごく一部しか補填されないので、経営改善を促す効果が組み込まれています。補填基準が高すぎれば、「バラマキ」となりますが、全国平均で設定する場合には、むしろ、逆に、かなりの「切り捨て政策」と批判されかねないくらいなのです。

8　現場の声が「ナラシ」を「岩盤」に進化させた

石破農相が退任直前に発表した農政改革案と戸別所得補償とはほぼ同じであったことからわかるように、政権をまたいで、現場の声が「ナラシ」を戸別所得補償に「進化」させたのです。だから、現場は戸別所得補償の法制化と長期継続を求めていました。「貸し剥がし」も起こって構造改革を阻むとの批判もありましたが、むしろ、経営の見通しが立つので担い手が投資しやすく、規模が大きくコストの低い経営ほど交付金のメリットが大きいため、規模拡大が進んだとの評価が優勢です（全国の大規模稲作経営組織が今回の改革に強く反発していることが、岩盤政策への肯定的評価を物語っています）。飼料用米など水稲での転作も本格的に支援しました。新規需要米を含め、地域に合った水田活用を選んでもらい、生産調整から「卒業」する意図がありました。このように、戸別所得補償は、規模拡大や水田活用を促し、生産基盤の維持・拡大に一定の貢献をしたと評価することができます。

つまり、自公政権も民主党政権も農地集積や水田フル活用、生産調整の見直しを目指すのは一致しており、岩盤（所得の下支え）が入ったのも、両政権が現場の声を受け、政策を改善したためです。こうした一連の議論の流れがあるのに、現場を無視して「民主党が導入したものは元に戻す」との視点のみで「元の木阿弥」に戻されたら、現場はもちません。

9 「所得倍増計画」の正体

こうした中で、現政権は地方創生だとか、10年で農業（農村？）所得を倍増するとかいうのですから、驚くしかありません。TPP交渉で国会決議に反する大幅譲歩をし、所得のセーフティネットを解体する農政改革をやって、地域を守ってきた農業関連組織も解体して、どうやって農業所得が倍増できるのでしょうか。

しかし、どうもこういうことらしいのです。いまの農家が全部潰れてもよい。わずかな条件のよい農地だけLファームやAファームのような企業が参入して、その所得が倍になったら、それが所得倍増の達成だと。これぞ

「アベノミクス」です。企業が手を出さないような非効率な中山間地は、そもそも税金を投入して無理に人に住んでもらう必要がないから原野に戻したほうがいいと主張します。

しかし、そこには、伝統も、文化も、コミュニティもなくなってしまっています。それが日本の地域の繁栄なのでしょうか。また、将来にわたる長期的な視点、周りも考慮する総合的な視点の欠如は、やがては多くの人々が苦しみ、結局、短期的には利益を得たつもりの人々も、自分自身も成り立たなくなる、ということが見えていません。国民に安全な食料を安定的に供給するという国家安全保障の概念も完全に抜け落ちています。

しかし、バターが足りなくなるような酪農家の窮状や２０１４年秋の米価暴落を放置する姿勢を見ると、日米大企業を儲けさせるために、本気で既存の農家を潰し、組織を潰し、地域を潰すつもりなのだと実感せざるを得ません。

10　米国の収入保険を参考にする＝「岩盤」を復活するという認識が必要

繰り返しますが、収入保険を一つの政策手段の一つとして、米国の仕組みなども参考にして検討することは重要ですが、米国と日本が決定的に違うのは、米国が、不足払い（ＰＬＣ）または収入補償（ＡＲＣ）の選択による生産コスト水準を補償する「岩盤」がベースにあった上で、収入保険を提供しているのに対して、我が国では、所得のセーフティネットはなくして、収入保険のみでよいとしている点です。このことも踏まえて、もう一度、岩盤の議論をきちんとしてもらいたいものです。

［補論］飼料米利用の酪農・畜産の生産費削減効果

東京農大の信岡誠治准教授によれば、牛についても配合飼料の４割程度をコメで置き換えることが可能で、農林水産省の給与可能量の試算値４５３万トンの２倍以上の１２０５万トンが飼料米で置き換え可能と試算されています（表９）。

具体的な取組事例をいくつか挙げると、新潟県のＪＡ北魚沼では、日本一高い「魚沼コシヒカリ」を酪農家の飼料にして大きな成果を上げています。搾乳牛１日１頭当たり飼料米を６・５kg給与し、配合飼料の45％を置き換えています。配合飼料価格が64・８円／kgなのに対して、飼料米価格は32・４円／kgで、年間利用量が平成26年産米で、酪農家４戸で３４０トンになるので、（64・８−32・４）×３４０＝約１１００万円の飼料費の節減を実現しています。４戸のうち一番大きい酪農家で経産牛47頭、初妊牛10頭の経営ですが、この酪農家は、年間５００万円の飼料費の節減に成功しています。

また、新潟県の酪農法人経営の実践では、「新潟次郎」という７００kg／10ａ程度の多収性品種を使えば、イナワラも柔らかいので食い込みがよく、良質粗飼料として十分使えるので、購入飼料だと60〜70％になる乳飼比（生乳販売額に占める飼料費の割合）を、飼料米とイナワラによって30％程度に抑え、60〜70円／kgの輸入粗飼料費を飼料米のイナワラで30円程度に抑えることができています。

表９　飼料用米の潜在需要量（東京農業大学信岡誠治准教授の試算値）

単位：万トン

区分	採卵鶏	ブロイラー	養豚	乳牛	肉牛	合計
配合飼料生産量	618	385	601	313	446	2,363
配合可能割合	60%	60%	50%	40%	40%	51%
利用可能量	371	231	301	125	178	1,205

注：農林水産省は給与可能量を 453 万トンと試算している。

表 10　飼料単価の比較（千葉県の高秀牧場の場合）

単位：円/kg

	粗飼料		濃厚飼料	
	購入	イネ WCS	配合	飼料米
現物単価	64	15	54	25
乾物単価	75.3	50.0	61.4	29.1
水分率	15%	70%	12%	14%

表 11　飼料費の比較（千葉県の高秀牧場の場合）

単位：円

	粗飼料		濃厚飼料		合計
	購入	イネ WCS	配合	飼料米	
輸入飼料依存型	904	−	737	−	1,640
国産飼料活用型	−	600	442	140	1,182
差額	304		155		458.7
逓減率	34%		21%		28%

注：採食量（乾物）：乳牛 1 頭 1 日当たり 24kg（粗飼料：濃厚飼料＝5：5）
　　輸入飼料依存型：購入粗飼料 12kg、配合飼料 12kg
　　国産飼料活用型：イネ WCS12kg、配合飼料 7.2kg、飼料米 4.8kg

表 12　実際の給与メニュー（千葉県の高秀牧場の場合）

	飼料	給与量（kg）	単価（円/kg）
粗飼料	コーンサイレージ	12	10
	イネ WCS	6	15
	牧草サイレージ	6	15
濃厚飼料・粕類等	配合飼料	6	43
	サプリ	1	70
	ビール粕	8	13
	酒粕	1	11
	しょうゆ粕	2	13
	米ぬか	4	30
	飼料米	4	20

注：飼料費：969 円/日
　　乳量：36kg/日×約 100 円/kg＝3,600 円
　　乳飼比：27%

ほぼ同様の成果は千葉県の牧場の実践でも確かめられます。表10、表11のように飼料費を28％節減し、表12のように、乳飼比を27％にまで抑えることに成功しています。こうした取り組みも参考になります。

飼料米による国産飼料の拡大は、コスト削減につながるのみならず、強力な除草剤のラウンドアップをかけても枯れない遺伝子組み換えの輸入トウモロコシや大豆に対するラウンドアップの残留毒性も含めた消費者の不安を払しょくすることにもなるので、安全・安心な国産飼料による自給をめざすことが、コスト削減と消費者の信頼向上につながる有効な手段といえます。ただし、現状の手厚い飼料米への補てんが長期的に継続されることが前提であり、現場が安心して投資して取り組めるよう、この点について、将来にわたる確固たる方針が「確約」されるべきです。

Ⅳ　ＥＵにおける農業所得政策の展開――「ゲタ」の多様化・「ナラシ」の要請――

1　農業所得の動きから

ＥＵ諸国の農業経営の多くは、今日、ＥＵが支出する直接支払いがなければ、立ち行きません。ただし、その度合いや農業所得の水準は経営組織に応じて、異なるのが実態です。農業所得の動きについて、詳しく見るために、ここではフランスを例としてみましょう。

図6は最近年の経営組織別の就業者１人あたりの農業所得を示します。２００８~10年の時点で普通畑作をはじめとした耕種部門の所得が高いことがわかります。加えてそれ以降、世界的な穀物価格の上昇を反映して、より一層所得が上向きました。特に、２０１２年の就業者あたり農業所得は前年比プラス４％の３６５００ユーロ、これまでもっとも高水準に達しました。とりわけ、３年連続の所得増となった普通畑作経営で記録的に高い所得となりました。他方、酪農、肉牛、ヤギ・ヒツジにみる草食家畜を主として飼養する経営では、２００８~10年に最も所得が低位の部門となっており、かつ所得の上昇は見られません。むしろ、穀物価格の上昇は飼料コストの上昇につながり所得の低下要因となります。

同様にフランスにおける20年余りの農業所得の傾向を見ます。１９９２年の農政改革、すなわち、価格支持から直接支払いへと大きく舵を切って以降、激しい所得の変動はありませんでした。しかし、２０００年代後半に

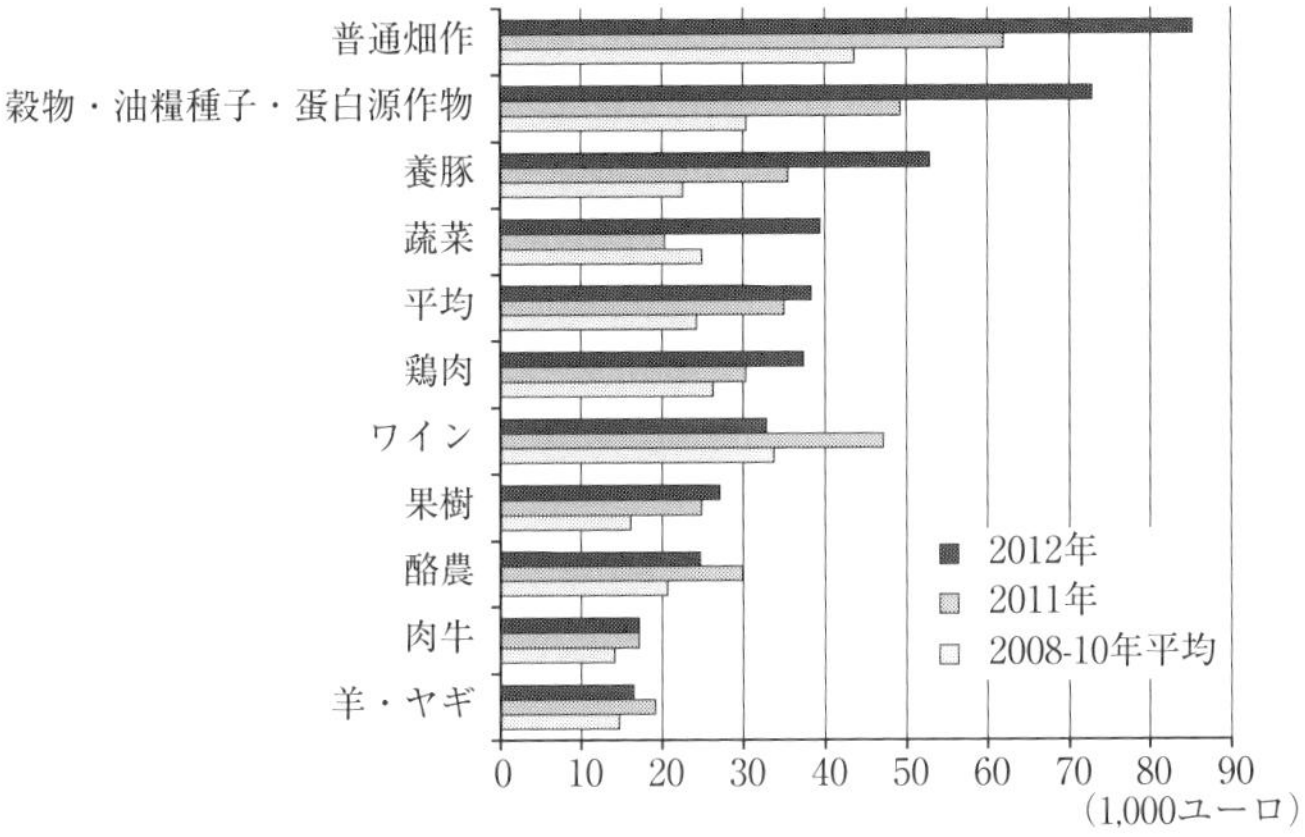

図６　経営組織別就業者１人あたり農業所得　（小規模経営を除く）

資料：Agreste. Graph Agri 2013. より作成。
注：農業所得は課税前収支（Résultat courant avant impôt）で、販売額＋経営補助金＋付加価値税還付等－投入財費用－減価償却費－賃借料－保険料－雇用賃金－租税公課－支払利子からなる。就業者には雇用を含まない。

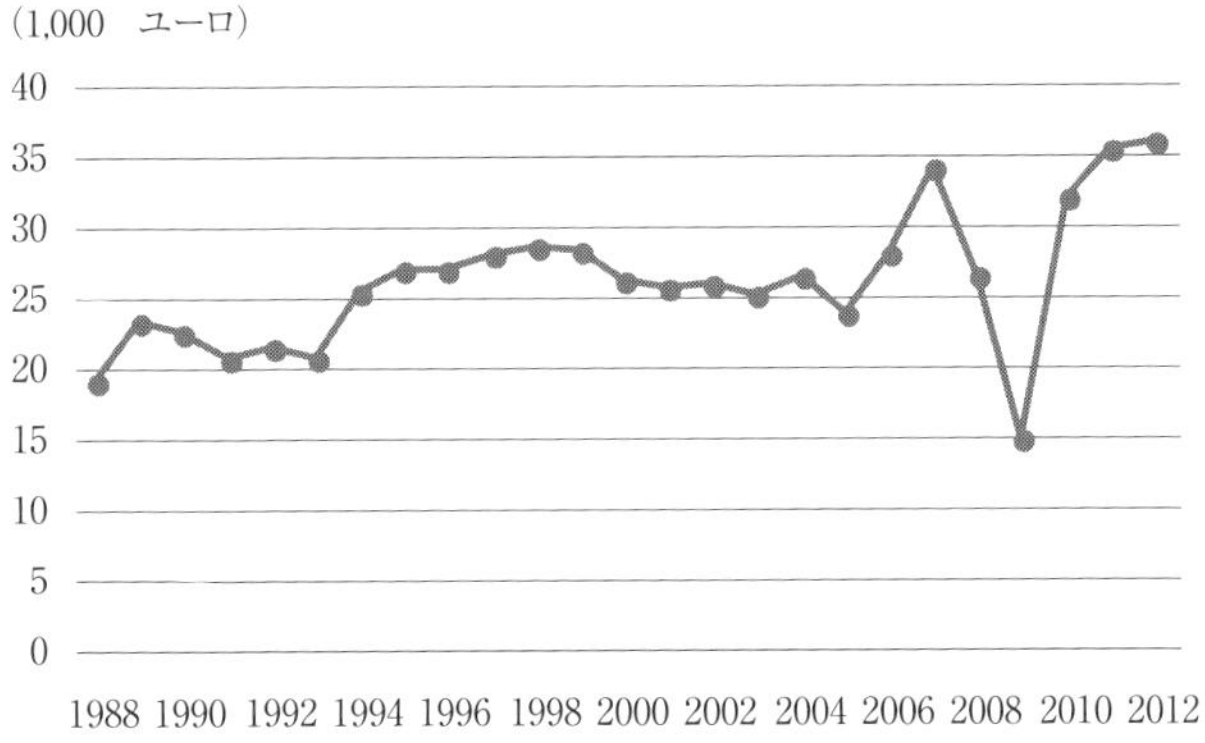

図７　就業者１人あたりの農業所得の推移

資料：Agreste - Rica et résultats provisoires pour 2013.
注：農業所得の構成は図６に同じ。

なると、大きな乱高下を経験したことがわかります。傾向としては所得増の方向に、しかし、大きな乱高下を伴う点が農業所得政策の設計の背景になります。

さらに、このような部門ごとの所得の格差を助長するのが、過去実績に基づいて給付される直接支払いです。たとえば、フランスにおける単一支払いの給付単価は全国平均268ユーロ／haですが、畑作経営の全国平均300ユーロ／haに対して、繁殖肉牛経営をはじめとした草地利用型の畜産経営では200ユーロ／haです。

EUは2014〜2020年の共通農業政策の協議開始を前に、より環境保全的で、公平に分配される直接支払いの必要を説きました(1)。

2 「ゲタ」の多様化—加盟国裁量の広がり

このような所得水準の多様性に対して、所得の不可欠な底上げとなる直接支払い、すなわち、「ゲタ」について加盟国はいっそう配分の裁量を行えるようになりました(2)。

2015年以降の各加盟国の直接支払いの実施計画についてEUが取りまとめ、公表しました。ここから主要国の特徴を見ます(3)。簡潔に制度の仕組みを説明しておきましょう。各国に配分された直接支払の財源について、各加盟国は環境保全にかかる制約を課したグリーニング支払を30％確保した上で、小規模経営を優遇する再分配支払、青年農業者の優遇、自然条件の制約に対する支払、特定の作物の生産面積や家畜の飼養数に応じたカップリング支払を講じることができます。残った部分が基礎支払となり、過去実績を反映した部分にあたりますが、

表 13　主要加盟国における直接支払い財源の使途

単位：%

	基礎支払	グリーニング支払	再分配支払	青年農業者支払	自然制約支払	カップリング支払	農村振興への財源移転（2020 年）
ベルギー	42.1	30.0	9.3	1.9		16.7	4.3
デンマーク	64.9	30.0		2.0	0.3	2.8	7.0
ドイツ	62.0	30.0	7.0	1.0			4.5
スペイン	55.9	30.0		2.0		12.1	
フランス	49.0	30.0	5.0	1.0		15.0	3.3
イタリア	58.0	30.0		1.0		11.0	
オランダ	67.5	30.0		2.0		0.5	4.3
オーストリア	65.9	30.0		2.0		2.1	
フィンランド	49.0	30.0		1.0		20.0	
イギリス	66.6	30.0		1.7		1.7	10.8

資料：European Commision, Direct payments post 2014. Decisions taken by Member States by 1 August 2014. Information note. May 2015.

単価の平準化が進められます。なお、あらかじめ一定の範囲で農村振興政策へ財源移転することもできます。

表13は主要国の財源配分の構成を示します。EU加盟国28国中、自然制約支払を実施するのはデンマークのみです。再分配支払を実施する加盟国はベルギー、ドイツ、フランスをはじめ8カ国に限定されます。

各国の独自の裁量が発揮されるのは、カップリング支払です。ドイツを除くすべての加盟国が実施します。EU全体でカップリング支払の財源の42%が牛肉・子牛肉、20%が牛乳・乳製品、12%が羊・ヤギに当てられます。作物では蛋白源作物が10%、果実・野菜が5%、ビートの4%がそれに続きます。カップリング支払を実施する27か国中、牛肉・子牛肉に対して24か国、牛乳・乳製品に対して19か国、羊・ヤギに対して22か国、蛋白源作物に対して16か国、果実・野菜に対して19か国、ビートに対して10カ国が適用します。財源、加盟国数とも、カップリング支払の主たる対象となっているのは、草地利用型の畜産であることがわかります。

さて、基礎支払の給付単価を州など、一定の地域の範囲内で一律化し、過去実績を解消するのがイギリスやドイツです。加盟国中、唯一カップリングを実施しないドイツや直接支払財源を削減し農村振興政策への移転を進めるイギリスは主要国の中でも、デカップリングや過去実績の解消を徹底する点で際立っています。

3　国際価格との連動―「ナラシ」の要請

1992のCAP改革以降、穀物をはじめ多くの生産物の価格が国際価格に接近し、やがて連動するにいたると、価格変動による所得の変動が大きくなりました。EU域内の比較的閉じた市場に比べて、国際市場では価格の乱高下が大きく、農業外の要因にも価格が影響を受けやすくなります。加えて、EU域内の産地でも、気象変動による不作の頻度が高まってきました。農業経営のリスク管理が求められる背景です。

2007年の農政改革（通称「ヘルスチェック」）では、EUは直接支払いの一部を活用して、天候不順や災害に対する保険料助成や農業者が拠出する基金に対する助成策を講じました（EU規則第73／2009号第68、70、71条）。2013年に決定した農政改革ではこれらに、「所得安定策」として、農業者が拠出する基金を通じた収入保険、すなわち、収量と価格の変動による損失に対する所得補填が助成の対象に加わりました（EU規則第1305／2013号第36～39条）。過去3ヵ年の収入の平均、もしくは過去5ヵ年の収入のうち最高年と最低年を除いた3ヵ年の収入の平均の70%を下回るとき補填されます。

これまで、オーストリア、フランス、イタリア、オランダ、スペイン、ポルトガルなどが農業災害保険料の補

表14　2015～2020農村振興政策において経営リスク対策を実施する主な加盟国

	保険料助成	基金助成	所得安定策
ベルギー（フランドル）	○		
クロアチア	○		
フランス	○	○	
ギリシャ	○		
ハンガリー	○		○
イタリア	○	○	○
オランダ	○		
ポルトガル	○		
ルーマニア		○	
スロバキア		○	
スペイン（一部）			○

資料：Flavio Coturni, Risk management in the Common Agricultural Policy. III International Forum ASNACODI Rome, 23-24 October 2014.

助や基金に対する助成を実施してきましたが、上のEUの直接支払いの一部を活用したのはフランス、イタリア、オランダでした[4]。２０１５年以降、これら経営リスク対策は農村振興政策に移管され、より計画的な実施と財源の確保が容易になると見込まれます。**表14**は経営リスク対策を実施する加盟国を示します。

冒頭、農業所得について取り上げたフランスでは、天候災害に対する農業支援は、国が指定する農業災害に対して公的に補償されてきました。民間ベースで普及したのは降雹による農業災害保険に限られてきました。

２００５年より政府は降雹以外の災害や対象品目に保険対象を拡大、あわせて保険料の助成率を引き上げ、農業災害保険の普及に努めました。また、保険によりリスク分散が可能とされた作物として、穀物とブドウが公的な災害補償制度から、それぞれ、２００９年、２０１１年に除外されました。とりわけ、農業災害保険が普及したのが普通畑作部門です。フランスでは普通畑作面積の28％、ブドウ生産面積の15％で作物保険が適用されています[5]。

現在、フランスでは大多数の農業者が契約可能な「基本補償契約」を２０１５年末までに講じ[6]、保険の仕組みを利用した経営リスク対策の普及と定着に弾みをつけようとしています。ＥＵの農業大国フランスで定着が進めば、２０２０年以降の共通農業政策の見直しにおいて、多様な直接支払いとともに、農業所得政策の一環として農業保険や共済の仕組みの議論が活発化することが見込まれます。

注

（1）European Commission, he CAP towards 2020: Meeting the food, natural resources and territorial challenges of the future. COM（2010）672 final, Brussels, 18.11.2010.

（2）星勉・石井圭一・安藤光義「わが国の水田農業を考える（上巻）―ＥＵの直接支払い制度と日本への示唆」ＪＣ総研ブックレットNo.７ **図6**を参照されたい。

（3）Agra Europe, 30 January 2015. および、European Commission, Direct payments post 2014. Decisions taken by Member States by 1 August 2014, State of play on 07.05.2015.

（4）European Commission, Overview of the implementation of direct payments under the CAP in 2012 in Member States（Reg（EC）N°73/2009）.

（5）Commission des affaires économiques, Audition, ouverte à la presse, de M. Stéphane Le Foll, ministre de l'Agriculture, de l'agro-alimentaire et de la forêt sur les assurances agricoles. Assemblée Nationale, 7 mai 2014.

（6）フランス農業食料林野省（http://agriculture.gouv.fr/interview-francois-hollande-agrapresse-fevrier-2015）

Ⅴ　水田農業を支えるために何が必要か

収入保険で水田農業を支えられるか

（収入保険は火災保険や自動車保険と同じ損害保険）

食料・農業・農村基本計画では「農業経営全体の収入に着目した収入保険の導入について、制度の法制化に向け、検討を進めます」と記されており、収入保険が重要な政策ツールとなることが予想されます。しかし、これが農業所得の減少を防ぎ、農業経営を安定させることにつながるものとは思われません。「収入保険とは、収量の減少または価格の低下、あるいはその両方によって、収穫後の販売収入額が保険加入時に設定された収入保証額を下回るとき、保険金が支払われる仕組み」であり、「あくまで農業収入の変動を緩和するための制度であって、目標とすべき望ましい農業収入の水準を保証するための制度ではない」（吉井論文）からです。「火災保険や自動車保険と同じ損害保険であると考えるべき」ものでしかありません。収入保険に期待を抱いてはならないのです。

（アメリカでも経営単位収入保険はマイナーな存在）

アメリカの収入保険は作物別保険と経営単位収入保険の2つがあります。後者が基本計画の掲げる「農業経営全体の収入に着目した収入保険」にあたると考えられます。アメリカの農業保険加入面積に占める収入保険の面積割合は3分の2を占めるまでになっていますが、これは前者の作物別保険によるもののようです。アメリカでも後者は１９９９年度から特定地域で試験的に実施されてきたものであり、農業経営単位収入保険となったのは２０１５年度からのことで、しかも45州での試験的な実施という状況です。また、この制度は「果樹・野菜等生産者、有機農産物生産者および多角化した生産者を主なターゲット」（吉井論文）としており、土地利用型農業を対象としているものではないようです。収入の保証水準も最大で85％までとなっています。また、２０１５年度の経営単位収入保険の加入証券数はわずか１１１４件にすぎず、アメリカの農業保険の加入証券数の総数１２０万件と比べると無きに等しいという感想を抱かざるを得ません。立場上、専門家の方々は慎重な表現をされていますが、経営単位収入保険はアメリカでも試験的な導入の段階の域を出ない、マイナーな存在とみるのが妥当なのではないでしょうか。基本はあくまで作物別保険なのです。

（国際価格との連動が保険導入の条件）

ＥＵでは加盟国の裁量性が増大し、直接支払いで生産とリンクしたカップリング支払いが拡大する見込みです（石井論文）。ただし、直接支払いの予算自体が増えているわけではない点は注意する必要があります。ＥＵの共通農業政策の改革の基本的な方向は農業支持水準の削減にあることを忘れてはなりません。「１９９２年のＣＡＰ改革以降、穀物をはじめ多くの生産物の価格が国際価格に接近し、やがて連動するにいたると、価格変動による所得変動が大きくなり…農業経営のリスク管理が求められる」（石井論文）ようになりました。その結果、２０１３年の農政改革で「『所得安定策』として、農業者が拠出する基金を通じた収入保険、すなわち、収量と価格の変動による損失による所得補填が助成の対象に加わ」ったのです。しかし、「過去３ヵ年の収入の平均、もしくは過去5ヶ年の収入のうち最高年と最低年を除いた3ヵ年の収入の平均の70％を下回るとき補填」される制度であり、その前提は、ＥＵ域内価格と「国際価格との連動」（石井論文）にある点に注意する必要があります。誤解を恐れずに言えば、価格支持政策は放棄されている点が日本との大きな違いなのです。ＥＵと同じような制度を日本で導入する場合、日本国内の農産物価格が国際価格と連動するまで低下していることが条件となります。果たしてこの前提は現実的でしょうか。

収入保険制度に対しては希望的憶測があり、誤解を受け、ミスリーディングされている部分があるように思います。今後の動向に注意する必要があります。本節の表題に対する回答はもちろん「Ｎｏ」です。

水田農業を支えるために

（「底なし」の収入保険）

今後、政府の方針通り生産調整が廃止され、米価を下がるに任せるような状況が生まれるとすれば、日本における収入保険は「農産物価格がどこまで下がっても下がった状態での平均収入しか支えられない「底なし」の収入保険」（鈴木論文）となってしまうでしょう。「国際価格との連動」が実現するほど国内の農産物価格を引き下げるのであれば、何らかの「岩盤」（所得の下支え）が不可欠です。そのためにＥＵも１９９２年のマクシャリー改革で直接支払いを導入し、時間をかけて国際市場への対応を図ってきました。また、ミルククォーター制（牛乳の生産調整）の廃止までにかなりの年数の予備的期間が設けられています。日本の農政も政権交代によって政策を文字通り「猫の目」のように変えることなく、最初に定めた枠組みとロードマップを10年以上の年月をかけて着実に歩んでいただきたいと思います。

（水田農業の到達点）

現在は100haを超える水田経営は珍しい存在ではなくなりました。彼らは、コストダウンはもちろん、それ以上に水田単位面積あたりの作業時間の削減に努め、請け負うことのできる水田面積の可能な限りの拡大を図っています。ここでは筆者が入手した100ha規模の4つの経営について、作業受託や転作受託も含め、当該農業経営がどれだけの水田面積をカバーしているか（この面積を「水田作業面積」と呼びます）に注目し、麦大豆などの転作も含めた水田の単位面積あたり経営費を検討してみましょう。

表15は水田作業面積①の大きな順からA経営、B経営、C経営、D経営と便宜的に並べたものです。B経営以外は1戸1法人ですが、いずれも家族や法人の構成員だけでは労働力は足りずに雇用労働力を導入しています。

A経営はそばが多く、そばの刈取作業の受託面積を含めると水田作業面積①の半分近くになります。それ以外にも麦大豆転作を行っており、稲作は半分以下という経営です。B経営も期間借地による麦が水田作業面積①の半分を占めます。C経営も麦大豆転作と転作受託が水田作業面積①の半分以上で、稲作面積はそれほど大きくはありません。この3つの経営は大型機械を導入し、できるだけ多くの作業面積をこなすことで助成金・交付金で稼ぐタイプの経営となります。水田作業に専念するため販売は農協任せとなるケースが多く、A経営は7割、C経営は全量が農協への販売です。これに対してD経営は生産調整も含めた全面積が稲作です。作業面積の拡大で

表 15　100ha クラスの水田経営の概要と経営費

	A 経営	B 経営	C 経営	D 経営
労働力	家族 4 人 雇用 1 人	役員 4 人 雇用 2 人	家族 2 人 雇用 5 人	家族 4 人 雇用 7 人
経営面積	水田 58ha	水田 60ha	水田 64ha	水田 88ha
作付面積	水稲 38ha 麦 20ha 大豆 4ha そば 27ha	水稲 57ha	水稲 23ha 麦 41ha 大豆 40ha	水稲 88ha
作業受託面積	稲刈 30ha そば刈取 35ha	期間借地 60ha （麦 60ｈａ）	稲刈 25ha 転作受託 15ha	稲刈 8ha
水田作業面積①	123ha	120ha	100ha	96ha
水田作業面積②	90.5ｈａ	90ha	91.5ha	92ha
売上原価 販売費及び一般管理費 費用計	7,360 万円 2,400 万円 9,760 万円	6,680 万円 3,440 万円 10,120 万円	7,970 万円 2,430 万円 10,400 万円	8,150 万円 4,000 万円 12,150 万円
水田 10a あたり費用①	7.9 万円	8.4 万円	10.4 万円	12.7 万円
水田 10a あたり費用②	10.8 万円	11.2 万円	11.3 万円	13.2 万円
主な農業機械	トラクター5 台 田植機 2 台 コンバイン 4 台 乾燥機 10 台	トラクター9 台 田植機 3 台 コンバイン 6 台 乾燥機 5 台	トラクター10 台 田植機 2 台 コンバイン 2 台 乾燥機 9 台	トラクター4 台 田植機 3 台 コンバイン 1 台 乾燥機 4 台

注：1）雇用は常雇い。
2）水田作業面積①は経営面積と、作業受託面積の合計。
3）水田作業面積②は経営面積と、転作受託を除く作業受託面積の２分の１の合計。
4）水田 10ａあたり費用①は費用計を水田作業面積①で除した値。
5）水田 10ａ当たり費用②は費用計を水田作業面積②で除した値。
6）Ａ社の販売費及び一般管理費は推測値。
7）Ｄ社は米の加工・販売を行っているため、それに該当する費用を差し引いて計算した。

助成金・交付金の獲得を目指すのではなく、いい米をたくさん作って独自販売で高く売っていこうという経営です。そのためか前3者と比べると水田作業面積①は小さくなっています。

（生産コスト―10aあたり10万円は切れない―）

水田10aあたりの費用①をみると、稲作以外の作物の作付面積が大きい経営ほど低くなっています。特に粗放的なそばの作付面積が大きいA経営は7万9千円と非常に低いです。大豆は作らず、麦で規模拡大をしているB経営も8万4千円です。麦大豆転作をしっかり行っているC経営は10万4千円と10万円を超え、水稲単作のD経営は12万7千円とかなり高くなります。こうした数値は役員報酬や家族労働報酬の水準次第ではもう少し下がるかもしれませんが、1人あたり600~800万円と妥当な金額となっていて、費用的にはこれが限界でしょう。ただし、これはコストダウンを過剰に評価している面があります。そこで、A経営のそばの刈取作業と稲刈作業の受託面積、B経営の麦一作だけの期間借地面積、C経営の稲刈作業面積、D経営の稲刈作業面積のそれぞれ半分を水田作業面積として計算した水田10aあたり費用②をみると、A経営10万8千円、B経営11万2千円、C経営11万3千円と10万円を上回り、D経営は13万2千円となります。実際の水田10aあたり費用はこちらに近いと思われます。100ha規模の経営であっても10aあたり10万円を切るのは難しいということです。

(水田農業に対する何らかの下支えは不可欠)

「戸別所得補償を段階的に廃止し、ナラシのみを残し、生産調整を緩和していく「新農政」が着実に実施された場合、2030年頃には1俵（60kg）で9900円程度の米価」（鈴木論文）となるとすると、農産物の販売収入だけでは水田費用を賄い切れなくなってしまいます。最低でもこの差額は補償されなければ水田を守ることはできません。こうした大規模経営は平地農業地域で展開していますので、中山間地域の水田を守るためにはこれ以上の下支えが不可欠です。この水準をどのように設定するかは今後の議論に委ねたいと思いますが、収入保険とは別に何らかの差額補填は必要だという点だけは合意が得られるのではないでしょうか。

【著者紹介】

星 勉 [ほし　つとむ]
一般社団法人 JC 総研主席研究員。1954 年、福島県生まれ。

吉井 邦恒 [よしい　くにひさ]
農林水産省農林水産政策研究所総括上席研究官（食料・環境領域長）。1958 年、北海道生まれ。

鈴木 宣弘 [すずき　のぶひろ]
東京大学大学院農学生命科学研究科教授。JC 総研所長。1958 年、三重県生まれ。

姜 薈 [じゃん　ふぅい]
JC 総研客員研究員。1980 年、中国山東省生まれ。

石井 圭一 [いしい　けいいち]
東北大学大学院農学研究科准教授。1965 年、東京都生まれ。

安藤 光義 [あんどう　みつよし]
東京大学大学院農学生命科学研究科准教授。1966 年、神奈川県生まれ。

JC 総研ブックレット No.11

農業収入保険を巡る議論

我が国の水田農業を考える

2015 年 11 月 10 日　第 1 版第 1 刷発行

著　者 ◆ 星 勉・吉井 邦恒・鈴木 宣弘・姜 薈・石井 圭一・安藤 光義
発行人 ◆ 鶴見 治彦
発行所 ◆ 筑波書房
東京都新宿区神楽坂 2-19 銀鈴会館 〒162-0825
☎ 03-3267-8599
郵便振替 00150-3-39715
http://www.tsukuba-shobo.co.jp

定価は表紙に表示してあります。
印刷・製本 = 平河工業社
ISBN978-4-8119-473-3　C0036

「JC総研ブックレット」刊行のことば

筑波書房は、人類が遺した文化を、出版という活動を通して後世に伝え、人類がそれを享受することを願って活動しております。1979年4月の創立以来、このような信条のもとに食料、環境、生活など農業にかかわる書籍の出版に心がけて参りました。

20世紀は、戦争や恐慌など不幸な事態が繰り返されましたが、60億人を超える世界の人々のうち8億人以上が、飢餓の状況におかれていることも人類の課題となっています。筑波書房はこうした課題に正面から立ち向います。

グローバル化する現代社会は、強者と弱者の格差がいっそう拡大し、不平等をさらに広めています。食料、農業、そして地域の問題も容易に解決できないことが山積みです。そうした意味から弊社は、従来の農業書を中心としながらも、さらに生活文化の発展に欠かせない諸問題をブックレットというかたちで、わかりやすく、読者が手にとりやすい価格で刊行することと致しました。

この「JC総研ブックレットシリーズ」もその一環として、位置づけるものです。

課題解決をめざし、本シリーズが永きにわたり続くよう、読者、筆者、関係者のご理解とご支援を心からお願い申し上げます。

2014年2月

筑波書房

JC総研［JCそうけん］

JC（Japan-Cooperativeの略）総研は、JAグループを中心に4つの研究機関が統合したシンクタンク（2013年4月「社団法人JC総研」から「一般社団法人JC総研」へ移行）。JA団体の他、漁協・森林組合・生協など協同組合が主要な構成員。
（URL：http://www.jc-so-ken.or.jp）